# 「公司絕不會告訴你的秘密

把公司的曖昧徹底說清楚！

黃新愷／編著

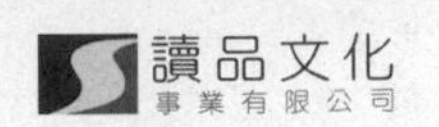

www.foreverbooks.com.tw

yungjiuh@ms45.hinet.net

思想系列 68

# 公司絕不會告訴你的祕密

編　　著　黃新愷
出 版 者　讀品文化事業有限公司
責任編輯　曾凱杰
封面設計　姚恩涵
內文排版　王國卿

總 經 銷　永續圖書有限公司
TEL ／(02)86473663
FAX ／(02)86473660
劃撥帳號　18669219
地　　址　22103 新北市汐止區大同路三段 194 號 9 樓之 1
TEL ／(02)86473663
FAX ／(02)86473660
出 版 日　2017 年 10 月

法律顧問　方圓法律事務所　涂成樞律師
CVS 代理　美璟文化有限公司
TEL ／(02)27239968
FAX ／(02)27239668



國家圖書館出版品預行編目資料

公司絕不會告訴你的祕密／黃新愷編著.
--初版. --新北市 ： 讀品文化, 民 106.10
面； 公分. -- （思想系列：68）
ISBN 978-986-453-059-5 (平裝)
1. 職場成功法
494.35　　106013762

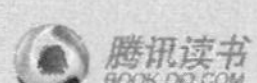

序言

# 把公司的曖昧徹底講清楚

有人在很短的時間內實現升職，有人卻在一個職位上無奈地把座位坐穿。

有人輕而易舉地獲得加薪的機會，有人在入職幾年之後依然是當初入職時的待遇。

有人時刻收到老闆的青睞，而有人總是成為老闆出氣和發洩的對象。

……

這是為什麼呢？

人和人之間其實並沒有差異，大家都是打工者，除了老闆。

但是必須承認的是，打工者和打工者之間是有差異的，這是客觀事實。這些差異很容易列舉，比如能力、長相和習慣，比如年齡、學歷和經驗，也比如家庭背景。

其實拋開這些客觀因素之外，他們之間最大的差異就在於：你是否知道一些職場潛祕密。

比如：職場上只有生意夥伴，經濟關係是職場關係的基礎。無論是你和老闆之間，或者你和同事之間，經濟利益是最為重要的。如果不能創造經濟利益，你將一文不值。

比如：聰明的員工從來不是和老闆對著幹，而是和老闆「合著幹」，在公司搭建的平臺上，積極配合老闆的各項工作，與老闆合作互利，共同贏利，協同創富。

又比如：聰明的員工知道沒有任何一家公司能夠將職責範圍的邊界劃得極其清晰，這就決定了老闆最喜歡勤快、不拒絕「份外事」的員工，而最討厭推諉賴皮的員工。

還比如：聰明的員工從來不會占公司的小便宜，或者在辦公時間做私事。貪占公司小便宜的人，老闆會讓他付出昂貴的代價；不能對私事免疫的人，老闆肯定會對他不客氣……這些祕密說出來，都很通俗易懂。但是如果你依然不知道，那麼你在職場將會持續迷惑。

任何公司都藏有你不知道的祕密。老闆不告訴你，是因為他不想讓你把什麼事情都看透。你要是想在職場上獲得更明白一些，你就必須認真閱讀本書。

# 目錄



## 1. 「前景」這個詞，是用來唬弄人的

CONTENTS

# 目錄

CONTENTS

# 目錄

Chapter 1

# 「前景」這個詞，是用來唬弄人的

# 01 並非所有的公司都有好前途

並非所有的公司都有好前途，並且任何人都不負責你的發展和成長，你的前途掌握在你自己手中。你應該時刻清醒地認識到：你的未來由你做主，一切都和努力有關。

「我不過是在為老闆打工。」這種想法有很強的代表性，在許多人看來，工作只是一種簡單的雇傭關係，做多做少、做好做壞對自己意義並不大。但這種想

法是錯誤的，無論你在生活中處於什麼樣的位置，無論你從事什麼樣的職業，都不該把自己當成一個打工仔。

生活中那些成功的人從不這樣想，他們往往把整個企業當作自己的事業。一旦你有了這樣的想法，在工作中你就能比別人得到更多的樂趣和收益。你會早來晚走，加班加點，生產出的產品比別人更優秀。此時，身邊人，尤其是你的老闆會將你做的看在眼裡，把你和別人區別對待。當提高工資和晉升的機會來臨時，他首先考慮的肯定是你。優秀的員工是不會有「我不過是在為老闆打工」這種想法的，他們把工作看成一個實現抱負的平臺，他們已經把自己的工作和公司的發展融為一體了。從某種意義上來說，他們和老闆的關係更像是同一個戰壕裡的戰友，而不僅僅是一種上下級的關係。對於優秀的員工來說，無論他們從事什麼樣的工作，他們已經是公司的老闆了，在他們的眼中，他們是在為自己打工。

英特爾總裁安迪．格魯夫應邀對加州大學的伯克利分校畢業生發表演講的時候，曾提出這樣的建議：「不管你在哪裡工作，都別把自己當成員工，應該把公司當作自己開的。事業生涯除你自己之外，全天下沒有人可以掌控，這是你自己

的事業。你每天都必須和好幾百萬人競爭，不斷提升自己的價值，增進自己的競爭優勢以及學習新知識和適應環境，並且從轉換工作以及產業當中虛心求教，學得新的事物，這樣你才能夠更上一層樓以及掌握新的技巧，才不會成為失業統計資料裡頭的一分子。」

那麼，我們應該怎麼做，才能夠塑造出這樣的生活狀態呢？那就是把自己當作公司的老闆，對自己的所作所為負起責任，並且持續不斷地尋找解決問題的方法，自然而然的，你的表現便能達到嶄新的境界。挑戰自己，為了成功全力以赴，並且一肩挑起失敗的責任。不管薪水是誰發的，最後分析起來，其實你的老闆就是你自己。

以下，是我們對即將踏上工作崗位的年輕人的三則忠告：

**一、全心全意地投入你的工作崗位**

自己的工作士氣要自己去保持，不要指望公司或是任何人會在後頭為你加油打氣。為你自己的能源寶庫注入充沛的活力，全心全力投入工作，為自己創造出獨一無二的能力，並且樂在工作的冒險歷程當中。

**二、把自己視為合夥人**

培養與同事之間的合作關係，以公司的成敗為己任，像對待自己的產業那樣對待自己的公司是一個人在事業上取得成功的重要條件。

**三、迎接變革的需求**

企業需要的是高性能的員工，我們必須持續不斷地自我提高，否則根本不可能在自己的專業領域上保持優勢地位。你只有兩種選擇，第一是終生學習並立於不敗之地；第二則是成為老古董，被時代所淘汰。

樹立為自己打工的信念，能夠在自己的工作崗位上發光發亮，培養出企業家的精神，創造出一番新的局面。到那個時候，即使公司和老闆不能給予我們所需要的職位和薪水，自然有別的公司，會主動為我們開出與你業績相匹配的職位和薪水。「輝煌的遠景」自在我們囊中。

# 02 每個上司都會唬弄人

職場潛祕密

激勵員工是上司的必備技能，而唬弄則是激勵的一種方法。沒有哪個上司不會唬弄和不唬弄。我們無法控制上司，唯一能做的事情就是要努力看清他的真實意圖。

曉波工作十分盡責，為公司的業績增長做出了很大貢獻。但是他覺得目前的薪水與自己的貢獻不成比例，於是找到上司對他說：「老總，在公司做的這段時

間是我進入社會以來最開心的一段日子，只可惜……」

上司猛然醒悟了過來，「你要離職？」

曉波裝作很不情願地點了點頭，然後一臉痛苦地說，「出來工作這麼多年了，對家裡也沒做什麼貢獻，老婆孩子爸媽幾張嘴，都要靠我一個人養，有時候也覺得很累啊。」

上司若有所思地望著曉波拍了拍他的肩，說：「我明白，我明白。」臉上現出一種捉摸不定的表情。

最近公司要爭取一個大訂單。上司又一次把曉波叫到了辦公室，一進門他就拍著曉波的肩膀說：「你是公司的骨幹，這次是大業務，你可要發揮你的水準出來。」曉波見上司沒提加薪的事，於是一臉淡漠。

上司這時就壓低聲音說：「放心，你的事我一直放在心裡，我準備讓你做公司的副總。不過，公司還有其他一些股東，我得讓他們對你的能力有所瞭解。這次這個單你要用心去做，等做出了成績，他們那邊就沒什麼話說了。」

忙了一個多星期，最後終於把這一單搞定了。曉波鬆了一口氣，望著上司的辦公室笑了笑，期盼著加薪和升職的到來。但是，兩天後，曉波發現開始無事可做；第四天，發現電腦裡的客戶資料不見了，顯然是人為所致；第五天，發現他的專用電腦被人更改了密碼，公司內部系統無法進入。這些情況接二連三出現，讓曉波摸不著頭緒的時候，上司把曉波叫到了他的辦公室。

「很不好意思。」上司對曉波說：「因為很多方面的原因，公司這次沒有通過我提出的讓你出任副總的提議。」

曉波的心突然沉了下來，正要問為什麼，上司卻一擺手，「不過，你辭職的事公司已經通過了。」說到這他就從桌子裡拿出了一個信封，「這是你的薪資，我一起幫你領過來了。」上司又笑著說道：「你可以去想請你的那家公司了，當然，如果它存在的話。」瞬間，曉波覺得頭都痛了。

不要輕信上司對你的許諾，特別是勞資、升職這樣關乎切身利益的事情。你常常要經過一段不短的時間，才會發現原來自己的老闆只是嘴巴熱鬧而已，他總是說得比誰都好聽。這種上司會答應你各方面的要求，包括加薪，以及提供各種便利條件，可是就是從來不兌現。

對待這樣的上司不要抱怨，如果讓他下不了臺，他可能會很生氣，因為對他來說，他更怕他的老闆而不是你。為了達到加薪的目的，你可以在暗中調查核實後，寫一份書面報告證明你的薪水低於市場平均水準，這樣他也就只好履行自己的諾言，把加薪意見轉給大老闆了。若怕加薪引起同事的不快，你也可聯合他們一起向老闆提出要求。

另外，許多上司喜歡讚美自己的下屬，如果是鼓勵下屬或為下屬承擔責任而不計小過，作為下屬的當然很受用。但如果上司對你有想法，而仍然對你大加吹捧，你就要小心了。應細心聽出他的真實意圖，以防被他給你來個措手不及！

# 03 老闆最愛唬弄老實人

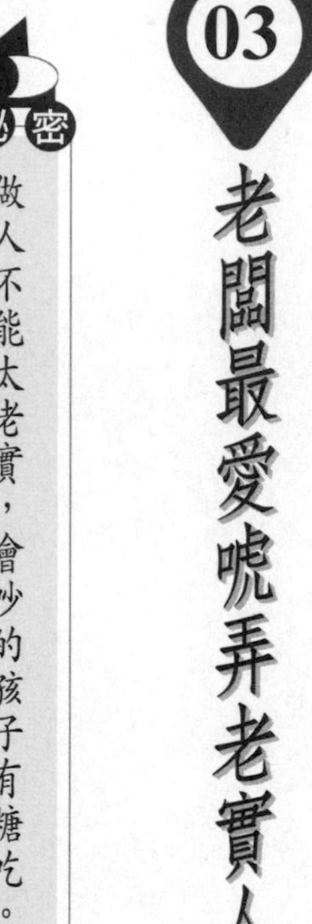


經驗告訴我們，做人要老實本分。老實沒錯，人人都希望別人老實，喜歡和老實的人相處、交往，因為和老實的人相處比較安全，老實的人寧願自己吃虧也

不願意別人吃虧，老實的人從不算計別人。古今中外的成功人士，都把老實作為君子必守的一條準則。但是，任何事情都有一個限度，一旦過火了，事情就會走向反面。老實可以，但太老實就要不得了。

一隻狐狸不留神掉進了一口井裡，怎麼也爬不上來。

正當牠絕望的時候，一隻小山羊來到了井邊。狐狸一看，頓時高興起來。牠連忙帶著哭腔對小山羊說：「山羊兄弟呀，快救救我吧，再不上去我就要死在井裡了。」

狐狸見小山羊不為所動，眼珠子一轉又說：「山羊兄弟呀，你媽媽不是常常教育你要助人為樂，做一隻好山羊嗎？如果你見死不救，怎麼能做一隻人見人誇的好山羊嗎？」

小山羊聽了狐狸這番話後，沒想太多就跳了下去，可是牠到井底抬頭一看，才發現井口太高，牠也沒辦法爬上去了。牠著急地問狐狸：「你最聰明了，趕快想個辦法，我們好出去呀！」

狐狸說：「山羊兄弟，別著急，我有一個辦法能讓我們兩個都可以出去，但就是得委屈你一下。」

「快說吧，只要能出去就行了！」小山羊連忙說。

狐狸接著說：「你用前腳趴著井壁，然後把犄角放平，等我從你身上跳出去後，我再把你拉上去。」

小山羊欣然同意了。狐狸踩在小山羊的犄角上，兩隻前爪剛好扒住井沿，兩條後腿用力一蹬，就跳了出去。

「啊，終於出來了。」狐狸鬆了口氣，拍拍前爪，轉身就走。

小山羊在井裡一看可急了，對狐狸喊道：「你別走啊！你還沒把我拉上去呢！你可不能說話不算數啊！」

狐狸轉過身，趴在井口，冷笑著說：「你這隻愚蠢的小山羊，還是自己想辦法吧！如果你腦筋像你鬍子那麼多的話，你剛才就不會在沒看好出路之前跳下來了！」

說完，狐狸揚長而去，小山羊知道上了當，可是已經晚了。

故事中的狐狸之所以能夠成功求生，靠的是一貫狡猾的伎倆，小山羊之所以上當受騙，就是因為太老實。太老實是一種木訥、一種保守、一種頑固，太老實的人不懂得人情世故，不知道規劃自己的人生，太老實的人只知道按部就班地生活，沒有創新、沒有突破，從來不去想要主動做什麼，只知道按照別人的吩咐去做事情。

這樣的人，一生能有多大的成就？太老實的人一生都處於被動中，也註定一生都會平庸，不是沒有機遇青睞他，而是機遇來到他的面前他也看不見，更不用說主動去創造機遇了。

上帝告訴一個老實人，他將有機會得到巨大的財富，並在社會上獲得卓越的地位，還能娶到一個漂亮的妻子。

老實人信以為真，放棄了所有的努力，開始等待神仙給他的承諾。可是這個老實人終其一生也沒有等到這個承諾的實現，他始終一無所有。

當死後，他就去質問上帝：「你為什麼要騙我？你說要給我一切，可是我等了一輩子卻什麼也沒有等到。」

上帝回答他：「我只承諾過要給你機會得到財富，一個受人尊重的社會地位和一個漂亮的妻子，可是因為你的等待，也讓這些機會從你身邊溜走了。」

這就是太老實的人，機遇站在他的面前都不知道，非得有人告訴他：「這是

機遇，快抓住！」太老實的人沒有主見，總是根據其他人——父母、親人、朋友的意見，選擇他們的職業和生活方向。尤其是當別人一再重複自己的意見時，老實人就更難以拒絕。於是，很多太老實的人選擇了一條不屬於自己的路，可想而知，在這條路上他能夠走多遠呢？

普遍來說，老實人都是很膽怯的，可以說是守成有餘而開拓不足，做事情缺乏冒險精神，其結果是他們的事業始終處於一種小格局、小境界和小發展之中，因為不敢冒險，他們就不能夠及時地把握住機遇，自然也就不能將自己的事業提升到一個更高的境界。

另外，有一些老實人看起來好像是很勇敢，敢於冒險，實質上他們的這種行為是一種魯莽，是一種缺乏明智認識的盲目行動，並不是真正意義上的冒險。

在現在社會，事事都講競爭，很多利益都是你爭我奪、分毫不讓的，如果太老實的話，就會經常受人欺負，事事都不敢去和別人爭，這樣的話，人生就會失去很多東西。人善被人欺，哪怕遇到再好的老闆，他也不會因為你老實而對你高看一眼。所以說，做人不要太老實。

# 04 被許諾的前景都是不可信的

老闆的承諾並不能決定你的前途。這是因為他的承諾的兌現需要你的能力相匹配為前提。因此，只有將自己成為卓越人才，「輝煌的前景」才能夢想成真。

有一天，獅子經理吩咐三隻狐狸去做同一件事：去森林調查一下兔子的數量、分佈、習性。

第一隻狐狸五分鐘後就回來了，牠並沒有親自去調查，而是向狼打聽了一下情況就回來做彙報。三十分鐘後，第二隻狐狸回來彙報，牠親自到森林裡瞭解了兔子的數量、分佈、習性。第三隻狐狸九十分鐘後才回來彙報，原來他不但去森林裡瞭解了兔子的數量、分佈、習性，而且根據獅子經理的一貫需求，將地形繪製了一幅地圖，並制定出了捉兔子的最佳方案。

第二天，獅子經理獎賞了第三隻狐狸。

老闆欣賞那些能夠做好自己工作的員工，更欣賞那些在工作中不斷進步，不斷超越自我的員工。

古代有個著名的射手名叫飛衛，當時全國的很多年輕人都慕名向他求教。其中有個很有才華的年輕人名叫紀昌，紀昌立志想成為一名神箭手，於是也向飛衛拜師學習射箭。

飛衛很看好這名年輕人，但是他並沒有傳授具體的射箭技巧，而是要求紀昌必須學會盯住目標而眼睛不能眨動，他說：「當你能夠做到盯緊任何目標，並且做到保持一炷香的時間內不眨眼的程度時再來找我吧。」

雖然不解老師的意圖，但紀昌還是用了兩年勤學苦練，每天天還沒亮就起床，一直練到半夜三更才睡覺。當他練到即使椎子向眼角刺來也不眨一下眼睛的功夫時，他對自己的本領已經滿意了，於是再次去向飛衛求教。

飛衛又進一步要求紀昌練眼力，標準要達到將體積較小的東西能夠清晰地放大，就像在近處看到一樣，他說：「當你能把蝨子看的像拇指那麼大的時候，再來找我吧。」

紀昌聽從教導，又回家苦練三年，終於能將最小的蝨子看成車輪一樣大後再次向飛衛求教。飛衛卻告訴他說：「年輕人，你的箭術已經學成了……」

紀昌張開弓，輕而易舉地一箭便將蝨子射穿。飛衛得知結果後，對這個徒弟極為滿意。再經過一番技巧的訓練，紀昌終於成為了著名的神箭手，譽滿天下。

作為普通的企業員工，我們一樣能實現自己的卓越，許多和我們類似的人已經以他們的實際行動和取得的成就為我們做出了示範。對這一點，我們一定要有信心。同時，還要清醒地認識到，追求卓越不是輕鬆容易的事。在追求卓越的道路上，我們會遇到許多坎坷、挫折甚至是打擊。畢竟那是卓越，是「在工作中出

類拔萃，為企業、客戶、社會做出很大的貢獻」的狀態和行為層次，不是輕輕鬆鬆、簡簡單單就能做到的。

追求卓越，我們要做的，就是努力使自己進入「卓越」的狀態。具體一點，就是以那些典範人物的狀態和特徵為標準，不斷督促自己調整心態，提高素質與技能，把工作中的小事做足，在平凡的崗位上發出耀眼的光芒。

麥克盧爾是《麥克盧爾》雜誌的主持。這個雜誌是他傾盡全力打造的。他一直看好雜誌業的發展，正當創建一年的《麥克盧爾》雜誌穩步發展時，不料卻遭遇了最大的經濟恐慌，他的雜誌陷入前所未有的危機，差不多就要完全失敗了。

麥克盧爾出身貧寒，沒讀過幾天書，從童年開始他就做過各式各樣的工作。他靠自學，他讀完了中學的課程，又經歷了很大困難，才找到一份編輯的工作。他努力工作，得到了上司的賞識和提拔，一步步高升，他漸漸把眼光投向了雜誌，希望自己能在這個行業有所作為，創建一份成功刊物的想法，佔據了他的頭腦。又經歷了重重困難，他的想法終於有了實現的機會——他的上司德拉蒙德先生信任他，把這項工作完全交給了他，他滿懷信心和力量，正要大展身手一番時，卻遇到了意想不到的困難。一八九三年爆發的美國經濟大蕭條，使三十六歲的麥克盧爾陷入事業的最低潮。

第二天，麥克盧爾強打精神，來到了德拉蒙德先生面前。他垂頭喪氣，傾訴自己的苦楚，認為自己犯了一個嚴重的錯誤——就是他現在做的工作，完全超過了自己能力。

德拉蒙德先生一直沉默地聽著麥克盧爾的講述，也一直從容、鎮靜地看著麥克盧爾，臉上沒有一絲一毫的焦慮。等麥克盧爾情緒平靜之後，他對麥克盧爾說：「假如一個人不是超過他的能力而工作，那說明他還沒有最大限度發揮自己的潛力。你總會在最困難時找到最好的解決方案，而你也一定會因此進入到一個全新的領域。你會發現，再也沒有什麼困難可以難倒你，也不再有什麼力量可以阻止你向前。」

在聽完這番話後，麥克盧爾挺直了腰桿，臉上的灰暗也一掃而光。他把德拉蒙德說的那句話寫下來，貼在自己辦公室裡最顯眼的地方，作為時時鼓勵自己的座右銘。

麥克盧爾每天上班時都會在心裡重複這句話，而每當他看到這句話時，總會感覺渾身上下立即充滿了力量。以前他總是擔心自己會遇到無法解決的問題，而現在他開始歡迎難題和阻力。他發現，好像在一股神奇力量的指引下，他總是能找到出乎意外的解決方案。他發現了自己從未發掘的一個領域——想像的領域。他的想法帶領他離開常規與習慣，賦予他創造的能力。他總能創造性地解決問題，為他的工作迎來更大的發展空間！

從優秀到卓越是個人能力的昇華，也就是說，一個人應當時時超越自己的能力，做超過自己能力的工作，他才能得到最豐厚的成效。好的員工會在取得成績的同時看到不足，不斷讓自己進步，更進步，更優秀，從優秀到卓越，永遠保持積極的進取心。

恩宇研究所畢業後進入一家規模較大的貿易公司做專案部助理。積極的工作態度和良好的工作業績，贏得了上級的信任，不久被提升為總經理助理。工作內容也從專案管理拓展到了協助總經理管理財務、人力資源、市場等方面的事宜。

此後，公司一位人事主管突然離職，恩宇順利地補上了這個「缺」。工作中，她非常注意累積經驗，並利用業餘時間學習了人力資源相關課程。她明白，更高的職位必然會對自己提出更高的要求，只有不斷提高綜合素質，才有可能獲得晉升。三年之後，她順利成長為人力資源總監。

自我超越是一項修練，善於自我超越的人會警覺自己的無知及力量不足和成長極限，進而努力去突破這種極限，不斷地發展完善自身，向成功目標邁進。不斷學習，具備自我超越能力的人，他們學會如何認清以及運用那些變革的力量，而不是抗拒這些力量，在不斷的超越中讓自己得到更高的發展。

# 05 有沒有前景取決你自己

職場潛祕密

為職業前途擔憂的人恰好是那些能力低下的人，如果你能成為組織裡某種能力的唯一者，成為最不可替代之人，你就無需擔憂前景，本領自身會說話。

讀史才能知今。西元前二六〇年，秦國派左庶長王齕攻打韓國，奪取上黨。上黨的百姓紛紛逃往趙國，趙駐兵於長平，以便鎮撫上黨之民。當年四月，秦國

看不慣趙國多管閒事，派王齕攻趙，趙派廉頗抵抗。這就是歷史上著名的長平之戰的開頭。雙方僵持多日，趙軍損失巨大。

廉頗根據敵強己弱、初戰失利的形勢，決定採取堅守營壘以待秦兵進攻的戰略。秦軍多次挑戰，趙國都不出兵，趙王為此屢次責備廉頗。

狡詐的秦國開始用計。秦相應侯範雎派人攜千金向趙國權臣行賄，用離間計，散佈流言說：「秦國所痛恨、畏懼的是馬服君趙奢之子趙括。廉頗容易對付，他快要投降了。」

趙王本來就有點怨怒廉頗連吃敗仗，士卒傷亡慘重，再加上廉頗堅壁固守不肯出戰，因而聽信流言，派趙括替代廉頗為將，命他率兵擊秦。

趙括上任之後，一反廉頗的部署，不僅臨戰更改部隊的制度，而且大批撤換將領，使趙軍戰力下降。秦見趙中了計，暗中命白起為將軍，王齕為副將。趙括雖自大驕狂，但他畏懼白起為將。所以，秦王下令：「有敢洩白起為將者斬。」

白起面對魯莽輕敵，高傲自恃的對手，決定採取後退誘敵，分割圍殲的戰法。他命前沿部隊擔任誘敵任務，在趙軍進攻時，佯敗後撤，將主力配置在縱深構築袋形陣地，另以精兵五千人，切入敵先頭部隊與主力之間，伺機割裂趙軍。趙括果然中計，趙國大敗，四十萬趙軍被白起坑殺。

趙王割地求和，但戰後不久趙王失信，不願割地。秦又發兵，使五大夫王陵攻趙邯鄲。當時正趕上白起有病，不能走動。王陵攻邯鄲不大順利，秦王又增發重兵支援，結果王陵損失五名校尉。

白起病癒，秦王欲以白起為將攻邯鄲。但白起對昭王說：「邯鄲實非易攻，其他諸侯國要是對援趙，發兵一日即到。雖然已經打敗趙軍於長平，但我們也傷亡過半，國內空虛。若趙國從內應戰，諸侯在外策應，必定能破我軍。因此不可發兵攻趙。」

昭王親自下命令行不通，又派範睢去請，白起始終拒絕，稱病不起。

昭王改派王齕替王陵為大將，圍攻邯鄲，久攻不下。楚國派春申君同魏公子信陵君率兵數十萬攻秦軍，秦軍傷亡慘重。白起聽到後說：「當初秦王不聽我的建議，現在如何？」昭王聽後非常生氣，強令白起出戰。白起自稱病重，經範睢請求，仍稱病不起。

於是，昭王免去白起官職，降為士兵，遷居陰密。由於白起生病，未能成行，在咸陽又住了三個月。在這期間，諸侯不斷向秦軍發起進攻，秦軍節節敗退，告急者接踵而至。秦王派人驅趕白起，令他不得留在咸陽。

白起只好離開咸陽，準備到杜郵去。範雎等群臣與昭王謀議，白起被貶遷出咸陽，內心肯定不服氣，會產生怨恨，留著他等於留下仇人，不如處死。於是昭王派使者拿了寶劍，令白起自裁。白起遵命自刎。

講了這個故事，想要問的問題是：

白起與廉頗相比，甚至與王齕相比，誰更不可替代？

由此推及到現在職場。一般來說，在老闆眼裡，有技術、有才能的人，就是他所關注的人。因為這種人太少，難以找到替代品。廉頗其實一員很好的戰將，但還不足以成為趙國軍事核心，所以很容易被趙括替換掉。

白起作為歷史上最著名的戰神，戰績赫赫，所以即便是生病期間，秦王也恨不得他臥床指揮打仗。他在秦王眼裡是獨一無二，是沒有人可以頂替的。所以，在白起不願出兵之後，秦王只有將他殺掉——如若虎將成了仇人，將是大患。這

又從側面證明了白起在秦朝公司的重要程度。

經常聽到許多人發出慨歎，剛進公司時，老闆如何器重自己，當他把才華全部奉獻出來的時候，自己在這家公司的末日也就來了。按情理說，對公司做出貢獻的員工，應當受到尊重和妥善安置，過河拆橋式的老闆，確實沒有良心。但是這從經濟學角度上來說，這是替代效應在發揮作用——你能夠進公司，是老闆挑出來的人才，無可替代，老闆當然器重，在公司發展的過程中，一旦你的才能不能滿足公司新的需要，老闆必須另請高明。

這是市場規律使然。市場是無情的，面對員工的停滯不前，如果老闆不讓新員工替代，市場就會讓別的企業替代這個企業。市場優勝劣汰企業，企業也在優勝劣汰員工。你想保住職位得到升遷，必須不斷地學習。在這個處處充滿競爭的社會裡，誰能做到無可替代，誰就是王者。

如何才能不可替代？這需要我們在工作中做好以下幾個方面的工作：

**一、讓你的業績及表現超過上司對你的期待**

完成每件工作都比上司要求的水準更好一些，上司必然很快地對你產生信賴

感，能放心把更重要的工作交給你，你將有更多的機會學習更多的經驗、擴充更多的能力，成為上司值得信賴的左右手。

**二、擅於突破常規提升工作效率**

效率是用有效的方法把工作做好，效率就是競爭力。同樣的事情，你比別人提前完成；同樣的速度，你比別人完成的更好，老闆自然會認可你而否定他。要想提高效率，可以從下面幾個細節尋求突破：按照工作的重要性為工作排序；統籌安排，讓工作分門別類進行；借鑑以往的成功案例，避免走冤枉路；請教有經驗的前輩；定出完成工作的期限，促使自己不懈怠。

**三、專業做事，專心做事**

專業展現你的工作能力，專心展現你的職業態度。任何工作都需要用心去做，用心去做是指要避免錯誤、改善速度，讓工作更容易進行。另外，還要有防止錯誤的警覺心，避免出現工作上的錯誤。

**四、秉持工作的改善經省**

對於工作，不僅要注意方法，追求效果和結果，注重工作效益，還要秉持改

善意識。每個人都可以運用以下方法來使自己的工作獲得改進：

簡單化——是否能用更簡單、更方便的方法進行；

機械化——是否能用機械代替人工；

歸類化——是否能將多樣工作合併處理；

分工化——是否能進一步細分，使工作更有效率；

價值化——是否能將這項工作創造更大的價值。

# 06 先行一步才能吃飽飯

職場潛祕密

坐等會失去時機，是愚人的選擇。拿破崙說：我的軍隊之所以打勝仗，就是因為比敵人早到五分鐘。在職業能力相當的情況下，機遇屬於早一步到達的那個人。

人在天生的本質上並沒有太大的區別，可是在生活中有成功者、有失敗者，對於做事情或闖事業來說，也有智者愚者之分。智者和愚者的差別就在於採取行

動的時機——智者早一步，愚者晚一步。微軟公司主席和首席軟體設計師比爾·蓋茲是一個永遠先行一步的人。

他最令人畏懼之處，就是能看到一般人看不到的東西，將洞察力與策略相結合，描繪出一個獨一無二的公司遠見，並實現它。在業界，微軟以善於把握「未來的力量」而為人所稱道，而微軟又惟蓋茲馬首是瞻。歷史上，蓋茲曾兩次憑藉先行一步的遠見而令對手膽戰心驚。

蓋茲的第一大遠見在一九七五年，他預言要使電腦進入每個家庭。微軟第一個遠見計劃的標誌性產品是Windows 95；蓋茲的第二大遠見計劃起始於一九九八年，他認為，在未來的新世紀裡，網路會變得越來越重要，而PC不再只是孤立的存在，將變成聯貫網路的一系列設備中最重要的一種。二〇〇〇年，蓋茲和公司總裁史蒂夫·鮑爾默提出了戰略性的NET戰略。

二〇〇五年，蓋茲又拋出了「長角」新視窗——被視為視窗系統中近年來最具雄心、最令人震驚的進步。微軟的發展壯大證明了一條真理：永遠比別人早走一步，就能永遠走在別人的前面。只有早邁出一步，敢想、敢做，用好的心態去

迎接挑戰，才能成為真正的「智者」。

傳說有一位聰明的商人，聽說西方有一個奇怪的國度，那裡的人們從來沒有見過大蒜。於是商人運了幾車大蒜，經過艱苦跋涉終於抵達目的地。他果然猜對了，人們想不到世界上還有味道這麼奇妙的東西，因此，他們用當地最熱情的方式款待了這位商人，臨別贈與他幾袋珍珠寶石作為酬謝。

另外一位商人聽說了這件事後，不禁為之動心，他想：大蔥的味道不是也很好嗎？於是他帶著蔥來到了那個地方。那裡的人們同樣沒有見過大蔥，甚至覺得大蔥的味道比大蒜還要好！他們更加盛情地款待了商人，並且一致認為，用珍珠寶石遠無法表達他們對這位遠道而來的客人的感激之情，經過再三商討，他們決定贈與這位朋友幾袋大蒜！

生活往往就是這樣，你搶先一步，占儘先機，得到的是成功和財富；而你步人後塵，東施效顰，就只能得到一些毫無價值的東西。

有個成語叫「笨鳥先飛」。的確如此，面對同樣的路程，同樣的高度，你雖然在某些方面不如他人，只要你比別人更早地付出努力，更能堅定不移地為了目

標而奮鬥，那你就能更快地看到前方的路標。

笨鳥需要先飛，但是先飛的不見得就是笨鳥。現代社會競爭日益激烈，無論是團隊還是個人都面臨著更大挑戰。如果不著眼於未來的長遠發展，不抓住每一個決定命運的先機，不能比競爭對手成長得更快，那過去的一切成就和付出都會成為過眼雲煙。早起的鳥兒有蟲吃，知道先飛的鳥兒就不是笨鳥，只有那些滿足現狀、停滯不前的鳥才是名副其實的笨鳥。

要想在競爭中獲得發展，要想在行動中實現成長，就需要不斷開拓未來的道路。不要坐等機會的到來，也不要以為平坦的陽光大道會一直鋪在你的腳下——即使機會已經來到你的身邊，即使陽光大道已經鋪在你的腳下，如果你不抓住機會邁步向前，那你永遠也不會前進一步。

永遠要比競爭對手更先採取行動，要比自己原先期望的做得更好，這樣你才能夠永遠走在別人的前面，當然，也將早一步問鼎成功。

# 07 老闆希望你比他更實幹

職場潛祕密

職業發展來不得半點虛假，否則早晚都會露出馬腳。如果你想順利地、輕鬆地實現「未來遠景」，就必須一步一個腳印，制定每一個事業發展階段的「短期目標」。

要達到自己的目標，需要把遠期目標分解成當前可達到的目標。俗語說得好：「羅馬不是一天造成的。」既然一天建不成輝煌的羅馬，我們就應當專注於建造

羅馬的每一天。這樣，把每一天連起來，終將會建成一個美麗輝煌的羅馬。

美國有個老太太莫里斯・溫萊，在一九六〇年曾轟動了美國。這位當時高齡八十四歲的老太太，竟然徒步走遍了整個美國。人們為她的成就感到自豪，也感到不可思議。

有位記者問她：「妳是怎麼完成徒步走遍美國這個宏大目標的呢？」

老太太的回答是：「我的目標只是前面那個小鎮。」

莫里斯太太的話很有道理，其實，人生亦是如此，我們每個人都希望發現自己的人生目標，並為實現這個目標而生活和工作。如果你能把你的人生目標清楚地表達出來，這樣就能幫助你隨時集中精力，發揮出你人生進取的最高效率。

所以如果我們不能一下子達到自己的目標，就應當將長期目標分解成一個個當前可達到的目標，「分段實現大目標」，最終就能順利實現自己的目標。

二十五歲的時候，哈恩因失業而挨餓。他白天就在馬路上亂走，目標只有一個，就是躲避房東討房租。一天，他在四十二號街碰到著名歌唱家夏里賓先生。哈恩在失業前，曾經採訪過他。但是，他沒想到夏里賓竟然一眼就認出了他。

「很忙嗎？」他問哈恩。

哈恩含糊地回答了他，他想，他看出了自己的遭遇。

「我住的旅館在第一〇三號街，跟我一同走過去好不好？」

「走過去？但是，夏里賓先生，要走六十個路口，可不近呢。」

「胡說，」他笑著說，「只有五個街口。是的，我說的是第六號街的一家射擊遊藝場。」這裡有些所答非所問，但哈恩還是順從地跟他走了。

「現在，」到達射擊場時，夏里賓先生說，「只有十一個街口了。」

不一會兒，他們到了卡納奇劇院。

「現在，只有五個街口就到動物園了。」

又走了十二個街口，他們在夏里賓先生的旅館停了下來。奇怪的是，哈恩並不覺得怎麼疲憊。夏里賓對他解釋為什麼要步行的理由：

「今天的走路，你可以常常記在心裡。這是生活中的一個教訓。你與你的目標無論有多遙遠的距離，都不要擔心。把你的精力集中在五個街口的距離。別讓那遙遠的未來令你煩悶。」

不要迷失自己的目標，每次只把精力集中在面前的小目標上，這樣，遙不可及的目標便在眼前了。

目標的力量是巨大的。目標應該遠大，才能激發你心中的力量，但是，如果目標距離我們太遠，我們就會因為長時間沒有實現目標而氣餒，甚至會因此而變得自卑。所以我們實現大目標的最好方法，就是在大目標下分出層次，分步實現大目標。在現實中，我們做事之所以會半途而廢，往往不是因為難度較大，而是因為覺得成功離我們較遠。確切地說，我們不是因為失敗而放棄，而是因為倦怠而失敗。

# 08 做自己喜歡的事和賺錢並不衝突

職場潛祕密

成功的人生都是從一份自己喜歡的職業開始。選擇一份你所喜歡的、適合你自己的、你能做成的事業是締造成功人生的開始。因為你喜歡、適合，你能更容易成功。

每個人都有自己的天性，都有適合自己的生活方式。一個懂得簡單生活的人應當根據自己的個性，選擇適合自己的生活方式，做自己愛做的事，他才能夠體

會到生活的樂趣。心理專家認為，一種生活，只有適合自己，有自己喜歡的內容，才是最好的生活。

這個世界上沒有人是完美的，每個人都會有自己的缺陷，然而有的人活得開心，而有的人總是生活在痛苦之中。其原因就在於開心的人擁有自己喜歡的工作、生活方式、家人，而痛苦的人呢，他們或許貧窮，或許富裕，但他們都沒有過著自己真正喜歡的生活，他們痛苦的原因就在於他們沒有找到真正適合自己的生活，又不懂得放棄不適合自己的生活方式。

在一座小城裡，住著一個年輕人，以賣炊餅為生。他白天賣炊餅，到了晚上，便吹笛子自娛自樂。因此，每天晚上，悠揚的笛聲都能從他的屋裡傳出來，他活得很自在，也很快樂，臉上時常掛著笑容。

他的鄰居是個大商人，覺得他為人老實，就借他一萬貫銅錢，叫他做大生意，不要再賣炊餅了。從此，這個賣炊餅的人便白天忙生意，晚上忙算帳。只聞他屋裡算盤響，再也聽不到悠揚悅耳的笛聲了。

他在白天做生意時，心情也不好，既害怕出差錯，又擔心虧本。過了些日子，

他實在不願再過這種心無寧靜的日子了。於是，他把錢如數還給鄰居，又做起賣炊餅的小生意來，現在，他的屋裡又開始傳出了美妙的笛聲了。

做大生意固然能帶來充足的物質享受，但卻不是人人都能做，人人都適合做的。有的時候，你必須知道自己只是普通沙粒，而不是價值連城的珍珠。不要抵制不住外界的誘惑而過不適合自己的生活。每個人的人生都有自己的軌跡，挖一口真正屬於自己的井，而不要望著別人桶裡的水止渴，這才是理智的選擇。

雲輝初到南部打工的時候，就是因為在一段時期內沒有找到適合自己的工作，在職場混跡了多年仍是成績平平，不過，最後他終於還是做了自己喜歡做的事情。

雲輝初到北部時，曾為找工作奔波了好長一段時間，起初他見幾個跑業務的同學業績不俗，賺了不少錢，學中文專業的他便找了家公司做業務員，然而辛辛苦苦跑了幾個月，不但沒賺到錢，人卻瘦了好幾公斤。同學們分析說：「你能力不比我們差，但你的性格內向、言語木訥、不善交際，實在不太適合跑業務……」

後來雲輝見一位在工廠做生產管理的朋友薪水高、待遇好，便動了心，費盡心力謀到了一份生產主管的職位，可是沒做多久他就因管理不善而引咎辭職。之

後，雲輝又做過公司的會計、餐廳經理等，最終出於各種原因被迫離職跳槽。

最後，雲輝痛定思痛，吸取了前幾次的教訓，不再盲目追逐高薪或舒適的職位，而是依據自己的愛好和特長，憑藉自己的中文系本科學歷和深厚的文字功底，應徵到一家刊物做了文字編輯。這份工作相比以前的職位，雖然薪水不高，工作量也大，但雲輝卻做得非常開心，工作起來得心應手。幾個月下來，他就以自己突出的能力和表現令上司刮目相看，器重有加。

回顧以往的工作歷程，雲輝深有感觸地說：「無論是工作，還是生活，我們都應當找到適合自己的生活方式。一味地追逐高薪、舒適的工作，曾讓我吃盡了苦頭，走了不少冤枉路。事實上，無論我們做什麼事都應結合自身條件，依據自己的愛好和特長去選擇相應的事來做。放棄那些不適合自己的生活，我們的生活才會快樂。」

職業是一個人安身立命的基礎。我們要選擇合適自己的生活，就要找出適合自己的職業，要找出適合自己的職業，首先就要找出自己的興趣所在。所謂興趣，是指一個人力求認識某種事情或愛好某種活動的心理傾向，這種心理傾向是和一

定的情感聯繫著的。例如，「我喜歡做什麼？」「我最擅長什麼？」

一個人如果能夠根據自己的愛好去選擇事業的目標，他的主動性將會得到充分發揮。即使十分疲倦和辛勞，也總是興致勃勃，心情愉快。發明家愛迪生就是個很好的例子。他幾乎每天都在實驗室裡辛苦工作十幾個小時，在那裡吃飯、睡覺，但他絲毫不以為苦，「我一生中從未做過一天工作」，他宣稱，「我每天其樂無窮」。

發現和準確判斷自己的興趣所在，可以透過對自己經歷的回顧，進而在此基礎上，將自己的興趣歸於某種興趣類型，並與相應的職業對比，可以幫助你選擇適合自己興趣的職業。

一個人的一生只能做好一件事，因此一個人要實現人生的價值，就得珍惜有限的時間，就得選擇最適合於自己去做的事。不要什麼都做，結果什麼都做不到極致，既浪費了時間又浪費了生命，徒留悲切在心中。

# 有些話老闆是說給大夥聽的

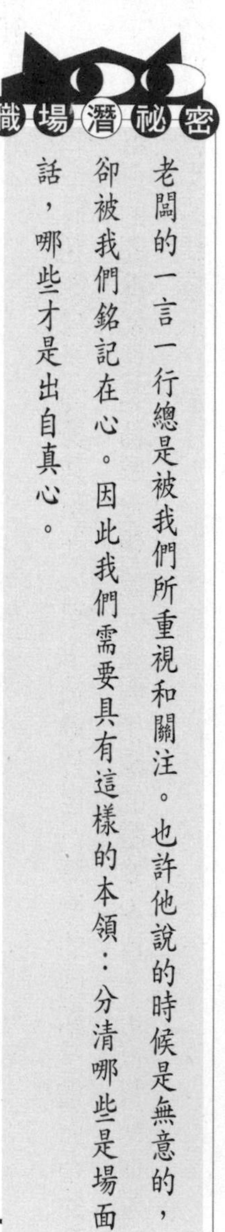


什麼是「場面話」？簡而言之，就是讓別人高興的話。

既然說是「場面話」，可想而知就是在某個「場面」才講的話。這種話不一定代表內心的真實想法，也不一定合乎真實，但講出來之後，就算別人明知道你「言不由衷」，也會感到高興。

聰明人懂得：「場面之言」是日常交際中常見的現象之一，而說場面話也是一種應酬的技巧和生存的智慧。但從另一個角度來說，如果別人在某些特定的場合、特定的際遇下對你說了一些場面話，作為聽眾的你千萬不可把這些場面之言當真。

一個人不可能完完全全地在別人面前表現最真誠的一面，正如一個人不能把別人說過的每一句話都信以為真一樣。場面話，總是可說不可信，一旦你違背了這條原則，善良便會退化為愚鈍，真誠也會成為傷害自己又危及他人的利器。

俾斯麥三十五歲時，擔任普魯士國會的代議士，這一年是他政治生涯的轉捩點。當時奧地利是德國南方強大的鄰國，曾經威脅德國如果企圖統一，奧地利就要出兵干預。

俾斯麥一生都在狂熱地追求普魯士的強盛，他夢想打敗奧地利，統一德國。他是個熱血沸騰的愛國志士和熱愛軍事的好戰分子。他最著名的一句話就是：「要

解決這個時代最嚴重的問題並不是依靠演說和決心，而是依賴鐵和血。」但是令所有人驚異的是，這樣一個好戰分子居然在國會上主張和平。其實這並不是他的真實意圖，他連做夢都想著統一德國。

他說：「沒有對於戰爭後果的清醒認識，卻執意發動戰爭，這樣的政客，請自己去赴死吧！戰爭結束後，你們是否有勇氣承擔農民面對農田化為灰燼的痛苦？是否有勇氣承受身體殘廢、妻離子散的悲傷？」

在國會上，他盛讚奧地利，為奧地利的行動辯護，這與他一向的立場簡直是背道而馳。俾斯麥反對這場戰爭有別的企圖嗎？那些期待戰爭的議員迷惑了，其中好多人改變了主意，最後，因為俾斯麥的堅持，終於避免了戰爭。

幾個星期後，國王感謝俾斯麥為和平發言，委任他為內閣大臣。幾年之後，俾斯麥成了普魯士首相，這時他對奧地利宣戰，摧毀了原來的帝國，統一了德國。

祖露之心猶如在眾人面前攤開的信，那些胸有城府的人總是懂得潛藏隱祕，所們他們說的話大多都只是些場面之言。「說者無意聽者有心」，如果你把別人的這些話都當真了，那就只能證明你的天真和幼稚了。

在人性叢林裡，人往往會呈現他的多面性，在不同的時空，善與惡會因不同的刺激而以不同的面貌出現。也就是說，本性屬「惡」的人，在某些狀況之下也會出現「善」的一面；本性屬「善」的人，也會因為某些狀況的引動、催化而出現「惡」的作為。而何時何地出現「善」與「惡」，甚至連自己也無法預測及掌握。所以，當萍水相逢之人在你面前做出許諾時，不能被這一時的「善」意沖昏了頭腦，應保持理智，讓自己回到真實的生活軌道來。

對於稱讚或恭維的「場面話」，尤其要保持你的冷靜和客觀，千萬別因別人的兩句話就樂昏了頭，因為那會影響你的自我評價。冷靜下來，反而可看出對方的用心如何。

對於拍胸脯答應的「場面話」，你只能保留態度，以免希望越大，失望也越大；只能「姑且信之」，因為人情的變化無法預測，你既然測不出別人的真心，就只好抱持最壞的打算。

要知道對方說的是不是場面話也不難，事後求證幾次，如果對方言辭閃爍、虛與委蛇，或避不見面、避談主題，那麼對方說的真的是「場面話」了！所以對

這種「場面話」，也要有清醒的頭腦，否則可能會壞了大事。

俗話說：「蜜比醋更能吸引蒼蠅」。在社交場合，我們要學會說點場面話，給別人一點甜頭，但萬不可當被別人的場面話所吸引的「蒼蠅」，輕信別人的一時之言有時並不是一種善良，而是一種愚鈍。

# 10 所謂的權威未必會正確

職場潛祕密

特別是剛剛踏入職場的新人，總是會被所謂的前輩、經驗或權威所嚇到，甚至是徹底的、毫無懷疑的信任。事實上，並非所有的權威都是正確的，不要過於迷信權威。

一位睿智的先哲曾說：「每個人都要仔細觀察，哪條路是他的心拉著他走的路，然後全力以赴地去選擇這條路。」

一個真正認識自己、相信自己的人，就是主宰他的命運的上帝。他不需要去膜拜任何外在的力量、無需向任何人低頭，對於這樣的人來說，他的命運就藏在自己的心胸裡，而不是被別人的評論所掌控，更不會陷入權威的陰影中。

一位和尚跪在一尊高大的佛像前，正無精打采地背誦經文。長期的修練並未使他立地成佛，他為此而苦悶、彷徨，渴望解脫。正好，一位雲遊四方的哲學家來到他身旁。

「尊敬的哲人，久仰久仰！弟子今日有緣見到你，真是前世造化！」和尚來不及站起，激動得顫顫巍巍地說，「今有一事求教，還請指迷津；偉人何以成其偉人？比如說，我們面前的這位佛祖……」

「偉人之偉大，是因為我們跪著……」哲學家從容地說。

「是因為……跪著？」和尚怯生生地瞥了一眼佛像，又欣喜地望著哲學家，「這麼說，我該站起來？」

「是的！」哲學家打了一個起立的手勢，「站起來吧，你也可以成為偉人！」

「什麼，你說什麼？我也可以成為偉人？你……你……你這是對神靈、對偉

人的貶損！」說著，和尚雙手合十，連念了兩遍「阿彌陀佛」。

「與其執著拜倒，弗如大膽超越！」哲學家說完頭也不回地走了。

「超越？」和尚聽了哲學家的話如驚雷轟頂，「這瘋子簡直是褻瀆神靈，玷污偉人！罪過！罪過！」說著，虔誠之至地補念了一遍懺悔經，又跪下了。

芸芸眾生，有多少人在走著一條朝「聖」之路，在這條路上，又有多少人心甘情願地下跪，一次又一次地喪失自我，向權威俯首稱臣。別人偉大，那是因為你跪著，這個世界上，除了你自己，沒有任何力量能屈使你下跪，生活中許多人之所以活得不盡如人意，就是因為老在別人的背影中生活。只有永遠保持自己站的權利，你才會成為這個世界的唯一。

權威也有失誤的時候。

一八四二年三月，在百老匯的社會圖書館裡，著名作家愛默生的演講激勵了年輕的惠特曼：「誰說我們美國沒有自己的詩篇呢？我們的詩人文豪就在這裡呢！……」這位身材高大的當代大文豪一席慷慨激昂、振奮人心的講話使臺下的惠特曼激動不已，熱血在他的胸中沸騰，他渾身升騰起一股力量和無比堅定的信念，

他要滲入各個領域、各個階層、各種生活方式。他要傾聽大地的、人民的、民族的心聲，去創作新的不同凡響的詩篇。

一八五四年，惠特曼的《草葉集》問世了。這本詩集熱情奔放，衝破了傳統格律的束縛，用新的形式表達了民主思想和對種族、民族和社會壓迫的強烈抗議。它對美國和歐洲詩歌的發展起了巨大的影響。

《草葉集》的出版，使遠在康科特的愛默生激動不已。誕生了！國人期待已久的美國詩人在眼前誕生了，他給予這些詩以極高的評價，稱這些詩是「屬於美國的詩」、「是奇妙的」、「有著無法形容的魔力」，「有可怕的眼睛和水牛的精神。」

《草葉集》受到愛默生這樣很有聲譽的作家的褒揚，使得一些本來把它評價得一無是處的報刊馬上換了口氣，溫和了起來。但是惠特曼那創新的寫法，不押韻的格式，新穎的思想內容，並非那麼容易被大眾所接受，他的《草葉集》並未因愛默生的讚揚而暢銷。然而，惠特曼卻從中增添了信心和勇氣。一八五五年底，他印起了第二版，在這版中他又加進了二十首新詩。

一八六〇年，當惠特曼決定印行第三版《草葉集》，並將補進些新作時，愛默生竭力勸阻惠特曼取消其中幾首刻劃「性」的詩歌，否則第三版將不會暢銷。惠特曼卻不以為然地對愛默生說：「那麼刪後還會是這麼好的書嗎？」愛默生反駁說：「我沒說『還』是本好書，我說刪了就是本好書！」

執著的惠特曼仍是不肯讓步，他對愛默生表示：「在我靈魂深處，我的意念是不服從任何的束縛，而是走自己的路。《草葉集》是不會被刪改的，任由它自己繁榮和枯萎吧！」他又說：「世上最髒的書就是被刪減過的書，刪減意味著道歉、投降……」第三版《草葉集》出版並獲得了巨大的成功。不久，它便跨越了國界，傳到英格蘭，傳到世界許多地方。

泰戈爾曾經說過：「除非心靈從偏見的奴役下解脫出來，心靈就不能從正確的觀點來看生活，或真正瞭解人性。」而一個人最致命的偏見莫過於認為權威們無論何時何地都是正確的。這種偏見往往會葬送一個人的一生。俄國作家契訶夫說：「有大狗，也有小狗，小狗不該因為大狗的存在而心慌意亂。」所有的狗都應當叫，就讓牠們各自用自己的聲音叫好了。

切不可看了巨著《紅樓夢》，就停止了文壇上的耕耘；或看了梅西踢球，便放棄綠茵場上的夢想；或聽過帕瓦洛帝的歌聲，便扼殺自己的音樂天分。如果總是活在權威的陰影下，對權威總持完全的肯定，那麼世界上也就從來不會出現曹雪芹、帕瓦洛帝、梅西這樣的人物了。

# Chapter 2

# 在承諾面前，公司總是健忘的

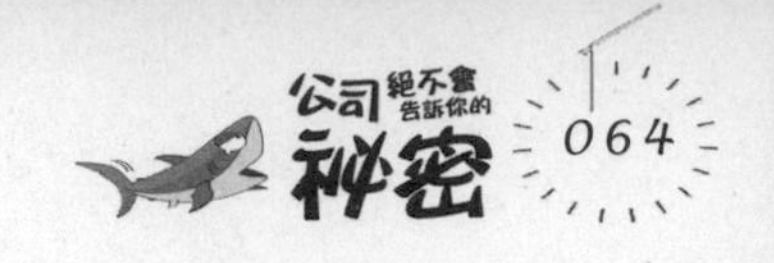


# 01 職場上只有生意夥伴

經濟關係是職場關係的基礎。職場上無論是你和老闆之間，或者你和同事之間，經濟利益是最為重要的。如果不能為老闆和公司創造經濟利益，你將一文不值。

職場其實就是由利益交換構成的生意場，工作就是生意，人人都是生意夥伴。

某知名大酒店行政總廚李先生如此看待老闆：

「我出道這麼多年，從一九八七年開始，接觸過的老闆不下二十個，整體感覺，他們都很現實、勢利，都是為生意而存在。他們個個都是超乎理性的利益動物。別以為他今天對你滿臉堆笑，客客氣氣的，其實這根本原因是你對他有利用價值，如果你一文不值，他壓根兒就不會多看你一眼。

這麼多年我見到過很多過河拆橋的老闆，為了請你過來他可以低聲下氣，也可以因為生意不景氣，而立刻將你換掉。跟老闆講感情，無異於與虎謀皮。從業這麼多年，我最欣賞的是講信用的老闆，而看不起的是說話不算數的老闆。但是，工作畢竟是生意場，一切以利益為導向，有信用的老闆畢竟不多。

我最反感與心胸狹窄的老闆共事，無論你做什麼，他都持懷疑態度，特別是跟錢有關的事，因為無論你怎麼清白，老闆都會懷疑你。所以，跟老闆做朋友，只是因利益而存在，而沒有永恆的朋友。每個人，都應該看清楚老闆隱藏在面具背後的利益真面目。」

李先生說出了很多人內心裡的真話。其實，就連微軟中國終身名譽總裁、曾擔任盛大網路總裁、成為中國打工第一人的唐駿也曾向媒體表達過這樣的觀點：

我隨時可以坦然離職。唐駿的意思是指作為職業經理人和企業老闆之間的關係，就是理性的生意夥伴關係，不是你離不開我、我離不開你的人身依附關係。定義為生意夥伴關係，這就可以幫助我們認清許多職場現象。

有這樣一個故事：

一天，很多人來謀求某銀行出納員的職位，結果出人意料，銀行經理竟雇用了一個斜眼、歪鼻、招風耳朵的醜八怪。很多人對經理的選擇大為不解，經理微笑地答道：「因為他有突出的面貌特徵，如果他攜款潛逃，我們很容易在通緝令上寫明這點。」

生意夥伴關係使銀行經理超越了人們習以為常的審美習慣，他把夥伴中的風險作為首要考慮的問題，所以他選擇了一個醜陋的人。

還有一個故事：美國一個農場主找了一個專案經理。農場主告訴專案經理說他的農場需要一種馬，這種馬每天只需要吃其他馬一半的草，而能耕比其他馬多兩倍的地。項目經理想到了「基因改造」技術，就答應了他。

但是由於「基因改造」技術太過複雜，項目經理所在的公司花了能讓公司破產的人力、財力也沒有研製出這種馬來。儘管這名專案經理和那位農場主是表兄弟，農場主也未為他的付出支付一分錢報酬。

沒過多久，這名農場主又找到另一個專案經理，當他告訴專案經理他的農場需要這種馬後，專案經理覺得其實農場主需要的並不是這種馬，而是想透過這種馬來提高他們的生產效率。於是專案經理給了農場主幾台大型拖拉機。農場主將這些拖拉機投入到耕地中去，勞動效率提升了十倍，他感到很滿意，在支付專案經理報酬之外，又支付了一筆不菲的感謝金。

這就是生意。生意中沒有人情和親情，只有使用價值。在這種思維下，員工就很容易將老闆看成是自己的客戶。和老闆雙贏的最好局面是：現在的老闆是你覺得最好的客戶，目前企業提供的資源最適合你發展。

但是，需要提醒的是，由於你不可能是老闆的唯一夥伴——只要薪水低於你的替代品出現，老闆就會把你立即換掉，所以，你也沒必要把現在的老闆一定當作是你惟一可以依賴的客戶。這需要你必須在業界樹立自己的品牌。供應商與客戶之間永遠是雙向、動態選擇的關係，今天划算今天成交，明天不划算就分手，

後天又有合適的生意，大家再合作。跳槽就是依據優化選擇和追求最佳合作而產生的。

除了老闆是員工的客戶這種角色定位之外，在工作場上，還有一種角色定位被優秀的老闆所重視，那就是員工是老闆的供應商。企業最終是為市場上的客戶提供產品、服務，這些產品、服務由員工提供。卓越的企業領導者，總是有能力獲得卓越人才的供應。

另外，老闆有意識地在企業內部建立動態人才備份機制，讓同事包括現在的上下級之間進行競爭，讓下屬感覺有機會替代上級，這不是辦公室政治和權謀，是正常的生意行為。你要的是保住你自己的位置和利益，老闆要的是更大的公司利益，有衝突很正常。無論再怎麼衝突，你需要記住的是，在與老闆合作的過程中，同事都是你的盟友。

當然，雖然工作就是生意，是一種經濟行為，但也不拒絕人情。

《三國演義》中曹劉交戰，劉備棄新野走樊城，百姓舉家跟隨，劉備寧可行軍遲緩也不願丟下百姓。這段故事「翻譯」成時下的職場語言，就是說『劉記有

限公司』遭遇了經濟危機，在『曹氏家族企業集團』的打壓之下，面臨破產危險。但是劉記公司一直堅持不肯裁員，最後靠著員工上下一心，共同努力，最終在市場站穩腳跟，取得三分天下的經營績效。這個故事告訴我們，在天時、地利都不占的時候，最後致勝的因素很可能是人和。

工作就是生意，作為員工能夠從中找到選擇行業和老闆正確投資、發展事業的理念、方法。作為老闆能夠找到管理人，經營事業的真諦。只有遵循工作，就是生意這個被商業社會奉為圭臬的基本精神，才能公平交易，合理回報，事業成功，多贏共存。

# 02 蕭何追的其實是稀缺性

老闆不會無緣無故地去愛員工。當年劉備三顧茅廬請諸葛亮出山，是因為後者具備奇才能夠幫助劉備打下江山。雇傭就是一種交易關係：老闆花錢，員工出力。

秦末農民戰爭中，韓信仗劍投奔項梁，項梁兵敗後歸附項羽。韓信曾多次向項羽獻計，但始終不被採納。苦悶之下，韓信離開項羽前去投奔了劉邦。

有一天，韓信違反軍紀，按規定應當斬首，臨刑前看見漢將夏侯嬰，就問到：「難道漢王不想得到天下嗎，為什麼要斬殺英雄？」

夏侯嬰為韓信之語驚詫，認為此人不凡，看到韓信相貌威武，遂下令釋放，並將韓信推薦給劉邦帳前，但未被重用。後來，韓信多次與蕭何談論治國治軍之事，很受蕭何賞識。

劉邦至南鄭的行軍途中，韓信思量自己難以受到重用，遂決定中途離去。這一情況被蕭何發現，他將韓信追回。這就是小說和戲劇中的「蕭何月下追韓信。」此時，劉邦正準備收復關中。蕭何就向劉邦推薦韓信，稱他是漢王爭奪天下不能缺少的大將之材，應重用韓信。

劉邦採納蕭何建議，七月，擇選吉日，齋戒，設壇場，拜韓信為大將。韓信與蕭何成劉邦左膀右臂，最終幫助漢王奪得天下。

於是，世人就有了這樣的問題：蕭何為什麼要追韓信？其實，這個問題很好回答——很多人會說因為韓信是大將之才，簡單的講他是個人才。

什麼是人才？這裡就引出了人才的概念。從經濟學的視野來對人才定義，有

助於企業對人才的決策選擇。

我們先看第一個問題：人才是什麼。作為勞動者，人才是其中的一部分，但這一部分不同於一般勞動者，他們具有特殊的、專門的高品質、高素養和高能量，在勞動力這個總體內居於較高或最高層次。因此，在為數眾多的勞動力群體中，人才有其不同性能，於是脫穎而出。簡而言之，人才就是有特殊工作性能的勞動者。

第二個問題是人才是不是生產要素。人才從一般勞動力中區別出來後，與土地、資本和技術等一起，仍舊是要素之一。只是隨著經濟的發展和科技的進步，人才這個要素在生產力和經濟活動中的作用和位置不斷提升。先進生產力主要表現為先進的科技成果，這離不開人才的創新勞動。

從供求關係上看，人才又不同於其他要素。其他要素在經濟發展和科技進步後，都能達到供求先是平衡、後是供大於求。但是作為先進科技開發者的人才，精益求精，永遠供不應求，是不折不扣的稀缺資源，始終處於買方市場。

第三個問題是人才的流動性和價格。既是商品或稀缺資源，人才商品在供求

驅動下，要交易，或者說必須流動，方能實現其人才功能。只有在市場經濟體制下，人才經由自由流動，即供求雙方的自由選擇，才能得到優化配置。所謂「人盡其才」、「各得其所」，無非是對人才流動這種特殊商品的自由交易結果。

既然是商品，人才自然是有價的。這種價格也決定於供求，而在供不應求的情況下，人才價格的總趨勢是高走即高價並且高漲。人才定價的尺度在於實際效益，但在未實現前有不確定性。於是，企業會採取其他方式如技術入股特別是期權，把報酬與效益掛鉤於其結果，使買賣雙方都不吃虧，防止了市場風險。

企業之間市場的競爭、產品的競爭，歸根到底是人才的競爭。一切的競爭，都必須講究成本，講究「經濟」二字。人才是商品，使用人才必有成本，這就需要必須重視「人才經濟學」，即最經濟的使用人才。具體表現為，要經濟地開發人才、經濟地使用人才。

經濟地開發人才，就要注重投入產出比，向人才投資要效益。曾經有很多企業在用人上有一種不正確的傾向，那就是只重文憑不管能力。員工出現了不少學非所用，甚至學與用完全不沾邊的現象。這樣現象造成投資浪費，企業不僅浪費

了物質成本，員工也浪費了時間成本，投資的效用不能在實際工作中表現出來。

要克服這種現象，企業要注重培養為企業建設與發展所需要的人才，在人才培養、考核選取用上，都要僅僅圍繞企業自身發展需要上，並為優秀人才提供激勵方案，鼓勵員工依實際工作需要而進行學習。只有這樣，才能使企業全體人員看到美好的未來，自己也有成長和「想像」空間，才能靜下心來提升職業能力，提升工作效率，為企業創造更大效益。

經濟地使用人才，首先是要杜絕人才浪費。不少企業的領導缺乏戰略眼光，不能合理地選用人才，不把人才的浪費當成一回事。領導因對某一件事情不滿意就全面否定一個員工，輕易調換工作，使之多年累積的技術、技能被擱置，得不到合理的運用和開發。

經濟地使用人才，其次要人才高效。要想使人才高效率工作，薪酬是重要考慮因素。企業應結合人才市場價格和企業實力，為人才制定出一套能夠產生強大經濟效用的薪酬方案。

劉邦平定天下後，曾深有感觸地對群臣說：「吾所以得天下者何？夫運籌帷

幄之中，決勝千里之外，吾不如子房；鎮國家，撫百姓，給饋養，不絕糧道，吾不如蕭何；連百萬之軍，戰必勝，攻必取，吾不如韓信。此三人者，皆人傑也，吾能用之，此吾所以得天下。項羽有範增而不能用，此其所以為我擒也」。

如何用人，對企業而言，始終是個大學問。選賢任能、杜絕浪費，做到人盡其才，讓每一個人發揮全部的聰明才智和積極性，是一個企業家應當也是必須具備的領導藝術。企業領導者應該像劉邦那樣，不僅能夠召集到人才，而且能夠用好人才，進而最終實現「一統天下」。

# 03 公司並不能看到你所做的一切

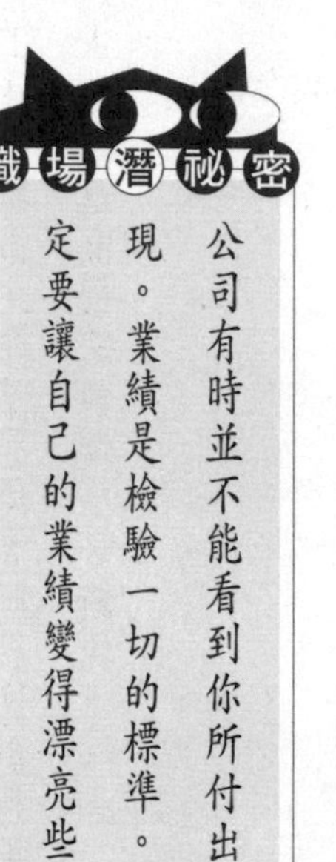


工作中常聽到有人抱怨自己的工作缺乏機遇，整日抱怨自己懷才不遇。阿爾伯特·哈伯德卻認為，那些只知道抱怨工作而不肯付出努力的人，實際上是把好

機遇一個又一個地損失掉，而且，最糟糕的是，他們本身並不知道錯過了這些好機遇。

他講了兩個故事，以說明他的論斷。

有一天，哈伯德先生站在一家商店出售手套的櫃檯前，和受雇於這家商店的一名年輕人聊天。哈伯德先生從這位年輕人口中得知，他在這家商店服務已經四年了，但由於這家商店的「短視」，他的服務並未受到店方的賞識，因此，他目前正在尋找其他工作，準備跳槽。

在他們談話中間，有位顧客走到他面前，要求看看一些襪子。這位年輕店員對這名顧客的請求不予理睬，一直繼續和哈伯德先生談話，雖然這名顧客已經顯出不耐煩的神情，但他還是不理。最後，他把話說完了，這才轉身向那名顧客說：「這裡不是襪子專櫃。」

那名顧客又問，襪子專櫃在什麼地方。這位年輕人回答說：「你去問那邊的管理員好了，他會告訴你怎麼找襪子專櫃。」

哈伯德先生認為，四年多來，這位年輕人一直擁有一個很好的機遇，但他卻

不知道。他本來可以和他所服務過的每個人結成朋友，而這些人可以使他成為這家店裡最有價值的人，因為這些人都會成為他的老顧客，而不斷回來向他購買。但是，對顧客的詢問不予理睬，或是冷冷淡淡地隨便回答一聲，是抓不住任何顧客的。

另一個故事發生在一個雨天的下午，有位老婦人走進費城的一家百貨公司，漫無目的地在公司內閒逛，很顯然是一副不打算買東西的樣子。大多數的售貨員只對她看一眼，然後就自顧自地忙著整理貨架上的商品，以避免這位老太太麻煩他們。

其中一位年輕男店員看到了她，立刻主動地向她打招呼，很有禮貌地問她，是否有什麼需要幫忙的。這位老太太對他說，她只是進來躲雨的，並不打算買任何東西。年輕店員說，他們同樣歡迎她的到來。他主動地和她聊天，以顯示他歡迎的誠意。當她離開時，年輕人還陪她到門口，替她把傘打開。這位老太太向年輕人要了張名片就走了。

此後的一天，年輕人突然被公司老闆召到辦公室，老闆向他出示了一封信，

是位老太太寫來的。這位老太太要求這家百貨公司派一名銷售員前往英格蘭，代表該公司接下裝修一所豪華住宅的工作。這位老太太就是鋼鐵大王卡內基的母親。在這封信中，卡內基的母親特別指定這名年輕人代表公司去接受這項工作，而這項工作的交易金額十分龐大。這位年輕人得到了晉升的機遇，而他的機遇取得與他的熱心分不開，其實是他自己創造了機遇。

機遇面前人人平等。一個人的能力是無論如何也壓制不住的，即使一開始沒有被人注意到，但只要經過一段時間的工作，就可以看出來。如果你擁有真正的才華，就算短時間內「懷才不遇」，你也總能夠找到發光的機會。那些長期「懷才不遇」的人，往往心浮氣躁，認為只有一個更高的職位才值得自己全力投入，而現在的工作根本不值得認真去做，這種心態必然導致失敗的結局。

工作才是檢驗才華的唯一標準。一位員工能夠將自己的工作做好，比別人做得更加精益求精，更加出色，這位員工就是一個有才華有能力的人。所以，與其抱怨自己的命運，不如沉下心來，從現在的工作做起，累積更多有用的技能和經驗，為今後的成長奠定基礎。

那些「懷才不遇」的人，很有必要對自己的情況進行全新的衡量，認清自己，看自己的才華究竟是因為沒有得到老闆的賞識而發揮不出來，還是根本就沒有出眾的才華。如果本身已經不具備「千里馬」的能力了，即使機會來臨，也只能和伯樂擦肩而過。

一個人能夠成功的原因是從小事開始，一步步累積，從不滿足。所以，如果你想要成為一名優秀的員工就要時刻警告自己，過去的成績已經是過去了，不能躺在床上睡大覺，也不能因為已有的經驗和才華而盲目自大，不肯學習新的知識和技能。只有主動做好自己手頭的每一份工作，不斷在工作中取得成長，機遇才能夠更快地降臨到你身上。

如果在別人都認真學習新知識和新技能，努力把工作做到最好的時候，你還在翹首等待伯樂的來臨，那麼機會就不會光顧你。

# 04 在老闆眼裡，加班和加薪沒關係

加班和加薪沒關係。決定加薪的因素是你的能力。能力是最好的語言，業績是最好的證明。只有具有紮實的本領，你才有發言權。否則無論你說再多，也是沒用的。

有這樣一則寓言故事：

在一個漆黑的晚上，老鼠媽媽帶領著小老鼠出外覓食，在一家人的廚房內，

垃圾桶內有很多剩餘的飯菜，對於老鼠來說，就好像人類發現了寶藏。

正當一大群老鼠吃得津津有味之際，突然傳來了一陣令牠們肝膽俱裂的聲音，那是一隻大花貓的叫聲。

牠們震驚之餘，便各自四處逃命，但大花貓不留情，不斷窮追不捨。後來有兩隻小老鼠躲避不及，被大花貓捉到了。正當牠們要遭到吞噬之際，後面突然傳來一連串兇惡的狗吠聲，讓大花貓手足無措，狼狽逃命。

大花貓走後，老鼠媽媽從垃圾桶後面走出來說：「我早就跟你們說過，多學一種語言有利無害，這次我就因此救了你們一命啊。」老鼠媽媽因為多了一項本領而改變了牠們的命運。

職場上，也是用本領說話的地方。

從前，在一個偏僻的小山村裡住著一隻雞婆和十一隻小公雞，村子周圍是一條彎彎曲曲的小河，這群雞一直快快樂樂地生活在這裡，從來也沒出過遠門。

一天，雞婆在村後的樹林中救了一隻受傷的鳳凰。鳳凰為報恩便教小雞飛翔。小雞們接受訓練時，非常用功。慢慢地，小雞們能夠飛得越來越遠了。終於有一天，在鳳凰的帶領下，這群雞排著整整齊齊的隊形，藉著一股大風，飛到了河的對岸。

過了些日子，鳳凰又來督促小雞們參加訓練，小雞們都覺得自己已經會飛了，不願再讓鳳凰訓練。練了幾天，小雞們終於受不了了，一塊兒跑到雞婆面前告狀。

「鳳凰老師的訓練沒什麼新意，整天除了減肥就是跑步，我們能飛根本不是牠的功勞，是我們天生就有這個本事！」

雞婆婆找到鳳凰，說：「鳳凰你的訓練已經不適合我們小雞了，我們不再需要你了，你走吧！」鳳凰看了看這群雞，搖搖頭，歎了口氣，振翅飛走了。

過了幾個月，小雞們又想起要到河對岸去看看，於是來到了河邊。小雞們個個心懷鬼胎，都在想：「我的技術是最好的，帶著他們飛可有多累！」於是一群雞也不排隊的站在河邊。

只聽雞婆一聲令下：「起飛！」群雞卻都跌進了河裡，除了幾隻離河邊近的抓住了幾根救命稻草外，其餘的就再也沒有上來。

小雞們因為沒有真正的本領，才會落得如此下場。職場上也是如此的，在激

烈的競爭中，沒有真正的本領也只會是「落湯雞」的下場。

下面也是一則關於本領的寓言：

有一次，在一場比賽上，鼴鼠誇耀說自己會很多本領，比賽開始了，最先比的是飛行。一聲哨響，老鷹、燕子、鴿子一下就飛得無影無蹤了，鼴鼠撲騰著飛了幾丈遠就掉了下來，著地時還沒站穩，摔了個大跤。

賽跑比賽，兔子得了第一後，躺在樹下睡了一覺醒來，鼴鼠才跌跌撞撞地跑到終點。游泳比賽，鼴鼠游到一半就游不動了，大聲喊起救命來，多虧了好心的烏龜把牠馱回岸上。比賽爬樹時，鼴鼠還沒爬到樹頂就抱著樹枝不敢再爬，頑皮的猴子爬到樹頂後摘了果子往牠頭上扔，明知道牠不敢用手去接，還故意說請牠吃水果。

和穿山甲比賽打洞，穿山甲一會兒就鑽進土裡不見了，鼴鼠吃力地刨啊刨，半天才鑽進半個身子。觀眾見牠撅著屁股怎麼也進不去，都哄笑起來。

在工作中，沒有真才實學也會像鼴鼠一樣遭到大家的嘲笑。

十四歲就到煤礦做工的史蒂芬生，在煤礦中從事的工作就是擦拭礦上抽水的

蒸汽機。後來，他當上了煤礦的保管員，這使他有機會接觸到了更多的機器。

他感到，當時落後的運輸工作不能適應正在迅速發展的煤礦業，於是他就想發明一種「強有力的運輸工具」。

所以，他下決心努力學習。他都十七歲了，但卻是個文盲，「既然基礎等於零，那就從零開始吧！」他與啟蒙的兒童一起在夜校的一年級就讀。

為了更好地進行蒸汽機的研究，他來到了蒸汽機發明者瓦特的家鄉做了長達一年的工。他在工作之餘，就對蒸汽機構造的原理進行鑽研，並運用自己所學的知識，開始進行「強有力的運輸工具」的發明。

他經過一番嘔心瀝血的鑽研，終於在一八一四年造出了第一台蒸汽機車。但是在試車卻失敗了，他受到了誹謗和責難。但他沒有因此而灰心，仍繼續研究並對其加以改進。

他於一八二五年九月二十七日在英國斯多克敦至達林敦的鐵路上，對世界上第一台客貨運蒸汽機車「旅行號」進行了成功的試車。人們熱烈地慶賀火車的誕生。他於一八二九年十月駕駛著新製的「火箭號」，參加了在利物浦附近舉行的一次火車功率大賽，並獲取了勝利。

用本領說話才是最有力的聲音，史蒂芬生如此，下面故事中的馬克亦是如此。

馬克起初只是德國一家汽車公司下屬的一個製造廠雜工，是在做好每一件小事中獲得了成長，並最終成為該公司最年輕的總領班，三十二歲就升到總領班的職位。

馬克是在二十歲時進入工廠的。工作一開始，他就對工廠的生產情形，做了一次全盤的瞭解。他知道一部汽車由零件到裝配出廠，大約要經過十三個部門的合作，而每一個部門的工作性質都不相同。他主動要求從最基層的雜工做起。

雜工不屬於正式工人，也沒有固定的工作場所，哪裡有零活就要到哪裡去。但也因為這項工作，馬克才有機會和工廠的各部門接觸，因此對各部門的工作性質有了初步的瞭解。在當了一年半的雜工之後，馬克申請調到汽車椅墊部工作。不久，他就把製作椅墊的手藝學會了。

後來他又申請調到點焊部、車身部、噴漆部、車床部等部門去工作。在不到五年的時間裡，他幾乎把這個廠的各部門工作都做過了。最後，他又決定申請到

裝配線上去工作。馬克的父親對兒子的舉動十分不解，他問馬克：「你工作已經五年了，總是做些焊接、刷漆、製造零件的小事，恐怕會耽誤前途吧？」

馬克笑著說，「我並不急於當某一部門的小工頭。我以能勝任領導整個工廠為工作目標，所以必須花點時間瞭解整個工作流程。我正在把現有的時間做最有價值的利用，我要學的，不僅僅是一個汽車椅墊怎麼做，而是整輛汽車是如何製造的。」當馬克確認自己已經具備管理者的素質時，他決定在裝配線上嶄露頭角。

馬克在其他部門待過，懂得各種零件的製造情況，也能分辨零件的優劣，這為他的裝配工作增加了不少便利。沒有多久，他就成了裝配線上最出色的人物。很快的，他就晉升為領班，並逐步成為十五位領班的總領班。如果一切順利，他將在幾年之內升到經理的職位。

在職場中，只有掌握了紮實的本領，才能在工作中遊刃有餘。

# 05 沒有人會像你那樣記住你的功勞

職場潛祕密

老闆不會記住你的功勞，只會記住你創造的利潤。高薪的員工從來不是和老闆對著幹，而是和老闆「合著幹」，在公司搭建的平臺上，合作互利，共同贏利，協同創富。

一個銀行總經理和他作為大學校長的妻子離婚了，再和他的女祕書結婚，因為他受不了妻子這麼優秀，現在跟自己的祕書在一起，祕書不管是學識還是地位

還是聰明度都不如自己，他得到安全感和自我優越感，而祕書也因為和總經理結婚，經濟實力和社會地位也得到了顯著提高。

有人斷言這樣的愛情容易長久，因為他們之間實現了互利，臺灣著名作家龍應台《愛情》一文中說：「事實上，愛情能持久多半是因為兩人有一種『互利』的基礎。沒有『互利』的關係，愛情是不會持久的。」

經濟學上的互惠互利原則，又稱對等原則。多體現在宏觀經濟層面的國家與國家之間——世界貿易組織要求成員之間相互給予對方以貿易上的優惠待遇，強調權利與義務的綜合平衡。即任一成員方在享受其他成員方的優惠待遇時，必須給其他成員方以對等的優惠待遇。事實上，在多邊貿易談判的實踐中，只有遵循平等、互惠互利的減讓安排，才能在成員間達成協議，維護成員方之間的利益平衡，謀求全球貿易自由化。

互利理論起源於亞當斯密的自利原則。亞當・斯密於一七七六年出版的《國富論》被譽為政治經濟學的第一部偉大著作，「自利原則」卻是該書的核心思想。所謂「自利」即基於個人利益的利己主義人類交換傾向，人的自利行為就是個人

對自身利益的追求過程，在「看不見的手」的指引下，經濟人追求自身利益最大化的同時也促進了社會公共利益的增長。

由此可見，自利累積到一定量就會出現他利，而自利與他利在市場競爭的過程中又逐漸形成互利。承認自利，尊重他利，發展互利，構築了整個西方經濟學經濟發展原則的基礎。

很多人曾被小說或者影視中浪漫、唯情至上的愛情故事所感動，乍一聽這種「俗氣」的互利理論，一定會覺得有點格格不入。可是生活和現實就是這麼崇尚實用主義，互利理論已經嵌入到我們精神和物質生活的每個部分。不管是愛情，還是職場。

現今複雜的職場環境，已不如過去單純且易入手，埋頭苦幹並不一定能出人頭地。在工作場合裡，應該建立的是互利的人際關係。也就是說，當你需要幫助時，你能馬上想到誰願意幫助你，並且有能力幫助你。有效的人脈網路，不僅有助於提高個人的工作技巧、業務發展，還能對職業生涯有所助閃，進而可以助你創造美妙而有價值的雙贏局面。尤其是在老闆的關係上，互利是一切合作的基礎。

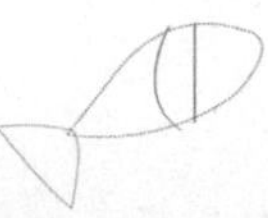

二〇〇四年二月，前微軟中國總裁唐駿高調加盟網路新秀公司盛大。有媒體撰文稱，唐駿加盟盛大，是皆大歡喜的「絕配」。首先，中國互聯網崛起最快、勢頭最猛的互聯網公司，上市在即，「錢景」無限。盛大CEO這個職位對於唐駿而言，無論是經濟利益，還是注意力，還是工作本身的刺激性，都肯定比夾在微軟中國受氣好得多。

其次，唐駿對盛大價值也顯而易見：盛大今天的成功，當然是由陳天橋一手創造的奇蹟，從多次是是非非和驚險中走出，自有獨到之處。但是，盛大登錄那斯達克在即，陳天橋要從容面對美國的投資者，可能還是勉為其難。美國投資者要瞭解陳天橋，也的確需要時間。因此，此時此刻，「微軟中國前總裁」這張名片實在是最及時不過。

果然如媒體所料。在盛大正式上班之後，唐駿帶領十多個人用一個月左右的時間，為盛大增加了將近十三億美金的市值，唐駿憑藉被西方認可的思維和氣質，打動了華爾街。

而支撐唐駿如此賣力氣的又是什麼呢？

唐駿自己撰文說是盛大豐厚的分配激勵。這就是陳天橋的非常之處，陳天橋看中了唐駿的品牌價值和職業經理人謀求回報的本質。所以，陳天橋最終量體裁衣用了唐駿。在陳天橋與唐駿的這次職場交易中，創造的結果是雙贏：盛大獲得更高的市值，唐駿讓自己成為打工第一人。

這就是互利帶來的結果。只有為老闆創富，唐駿才能成就數億元身價；只有和老闆互利，員工才可能獲得自己想要的利益。互利是經濟活動的本質要求，職場上的行為作為經濟行為，也符合互利要求。

每個人都應該看到這一點。高薪的員工從來不是和老闆對著幹，而是和老闆「合著幹」，在公司搭建的平臺上，合作互利，共同贏利，協同創富。

# 06 大多數公司不願同員工念舊情

職場潛祕密

你在老闆眼裡也許只是過客，沒有舊情。無論何時，天下永遠要靠自己打拼。再穩固的靠山，也不如自己的聰明和才智。在職場，除了你自己，任何人都靠不住。

人生總是會遇到不順的情況，很多人處於不利的困境時，總期待借助別人的力量改變現狀，殊不知，在這個世界上，最可靠的人不是別人，而是你自己。為

何總想著依賴別人，而不是依賴自己呢？

美國從事個性分析的專家羅伯特・菲利浦有一次在辦公室接待了一個因企業倒閉、負債累累、離開妻女四處為家的流浪者。那人進門打招呼說：「我來這兒，是想見見這本書的作者。」說著，他從口袋中拿出一本名為《自信心》的書，那是羅伯特多年前寫的。

流浪者說：「一定是命運之神在昨天下午把這本書放入我的口袋中的，因為我當時決定跳入密歇根湖了此殘生。我已經看破一切，認為人生絕望，所有的人，包括上帝在內，已經拋棄了我。但還好，我看到了這本書，它使我產生了新的看法，為我帶來了勇氣及希望，並支持我度過昨天晚上。我下定決心，只要我能見到這本書的作者，他一定能協助我再度站起來。現在，我來了，我想知道你能替我這樣的人做些什麼。」

在他說話的時候，羅伯特從頭到腳打量著這位流浪者，發現他眼神茫然、神態緊張。這一切顯示，他已經無可救藥了，但羅伯特不忍心對他這樣說。因此，羅伯特請他坐下，要他把自己的故事完完整整地說出來。

聽完流浪者的故事，羅伯特想了想，說：「雖然我沒有辦法幫助你，但如果你願意的話，我可以介紹你去見這幢大樓的一個人，他可以幫助你賺回你所損失的錢，並且協助你東山再起。」

羅伯特剛說完，流浪者立刻跳了起來，抓住他的手，說道：「看在上天的分上，請帶我去見這個人。」

流浪者能提此要求，顯示他心中仍然存在著一絲希望。所以，羅伯特拉著他的手，引導他來到從事個性分析的心理試驗室，和他一起站在一塊窗簾之前。羅伯特把窗簾拉開，露出一面高大的鏡子，羅伯特指著鏡子裡的流浪者說：「就是這個人。在這個世界上，只有一個人能夠使你東山再起，除非你坐下來，徹底認識這個人——當做你從前並未認識他——否則，你只能跳到密歇根湖裡。因為在你對這個人未作充分的認識之前，對於你自己或這個世界來說，你都將是一個沒有任何價值的廢物。」

流浪者朝著鏡子走了幾步，用手摸摸他長滿鬍鬚的臉孔，對著鏡子裡的人從頭到腳打量了幾分鐘，然後後退幾步，低下頭開始哭泣起來。過了一會兒，羅伯

特領他走出電梯間，送他離去。

幾天後，羅伯特在街上碰到了這個人。但他已不再是一個流浪者形象，他西裝革履，步伐輕快有力，頭抬得高高的，原來的衰老、不安、緊張已經消失不見了。他說，感謝羅伯特先生讓他找回了自己，並很快找到了工作。後來，那個人真的東山再起，成為芝加哥的富翁。

人要勇敢地做自己的上帝，因為真正能夠主宰自己命運的人是自己，當你相信自己的力量之後，你的腳步就會變得輕快，你就會離成功越來越近。

從二十一世紀的競爭來看，社會對人才素質的要求是很高的，除了具備良好的身體素質和智力水準，還必須具備生存意識、競爭意識、科技意識以及創新意識。這就要求我們從現在開始注重對自己各方面能力的培養，只有使自己成為一個全面的、高素質的人，才能在未來的競爭中站穩腳跟，取得成功。

人若失去自我，是一種不幸；人若失去自主，則是人生最大的缺憾。每個人都應該有自己的一片天地和特有的亮麗色彩。你應該果斷地、毫無顧忌地向世人展示你的能力、你的風采、你的氣度、你的才智。

在生活的道路上，必須自己做選擇，不要總是踩著別人的腳印走，不要聽憑他人擺佈，而是要勇敢地駕馭自己的命運，調控自己的情感，做自己的主宰，做命運的主人。

善於駕馭自我命運的人，是最幸福的人。只有擺脫了依賴，拋棄了拐杖，具有自信、能夠自主的人，才能走向成功。自立自強是走入社會的第一步，是打開成功之門的鑰匙，也是縱橫職場的法寶。所以，從現在開始，樹立對自己的信心，相信自己的能力，只有這樣，你的工作和生活才會取得發展。

## 07 懷才不遇時請少些哀歎

一個人不管才幹如何，都會碰上無法施展自己才幹的時候，這時候千萬要記住：即使你覺得自己「懷才不遇」，也不能明顯地表現出來，你越是沉不住氣，別人就越看輕你。

「懷才不遇」往往不是他人造成的，如果你沒有遇到，可能是因為你沒才！

如今，「懷才不遇」好像成了很多年輕人的一種通病，他們普遍的症狀是，牢騷

滿腹，喜歡批評他人，有時也會顯出一副抑鬱不得志的樣子，和這種人交談，運氣不好的時候，還會被他批評一頓。

當然，這類型的人中有的的確是懷才不遇，由於客觀環境無法與之適應，「虎落平陽被犬欺，龍困淺灘遭蝦戲。」但為了生活，他們又不得不委屈自己，所以生活得十分痛苦。

難道現實中有才的人都是如此嗎？不，儘管有時出現千里馬無緣遇伯樂，但如果你真是一匹千里馬，一次錯過伯樂，應該還有第二次、第三次……很多人之所以無緣於伯樂，大部分是自己造成的。有些人確實有才，但他們常自視清高，看不起那些能力和學歷比較低的人，可是如今的社會並不是你有才氣，就能成大器。別人看不慣你的傲氣，就會想辦法排擠你。

至於你的上司，因為你的才幹本來就會威脅到他的生存，再加上你不適度收斂自己，生怕別人不知道你的才幹，胡亂批評，亂說一氣，那你的上司怎會不打擊你呢？在人性叢林中，人與人之間的鬥爭大都是這樣！最後的結局就是，你慢慢變成了一位「懷才不遇」者。

還有一種懷才不遇者，他們其實是一類自我膨脹的庸才，因為他們本身無能，別人當然無法重用他們，這可不是嫉妒他們。但他們並沒有認識到自己的沒用，反倒認為自己懷才不遇，沒人識才，於是到處發牢騷，吐苦水。

不管是有才還是無才，懷才不遇者真是人見人怕，一聽其談話，開口就是批評同事、主管、老闆，然後吹噓自己多行，多麼能幹，聽者也只好點頭稱是，要不然，他也許會罵到你的頭上！

所以，最後的結果就是，「懷才不遇」之感越強的人，就越會把自己孤立在越來越小的圈子裡，甚至無法與其他人的圈子相交。每個人都怕惹麻煩而不敢跟這種人打交道，人人視之為「怪物」，敬而遠之！一個人如果給眾人的不良印象已成定局，那除非遇到貴人大力提拔，否則將永無出頭之日，結果有的辭職了，有的外調，有的老是個小職員，有的則一輩子「懷才不遇」。

一個人不管才幹如何，都會碰上無法施展自己才幹的時候，這時候千萬要記住：即使你覺得自己「懷才不遇」，也不能明顯地表現出來，你越是沉不住氣，別人就越看輕你。

我們難道想就這樣一輩子「懷才不遇」下去嗎？下面幾點不妨供你選擇參考：

**一、請別人來客觀地評估自己**

有些情況下，旁人可能對我們瞭解得更加準確深刻。人應該有一個自我評價的能力，如果你怕自己評估不太客觀，可以找個朋友和較熟的同事幫你一起分析，如果別人的評估比你自我評估的結果低，那你就要虛心接受。有些情況下，旁人可能對我們瞭解得更加準確深刻，那何不接受他人的評價？

**二、檢查一下自己的能力為何無法施展**

如果是人為因素導致你無法施展自己的能力，你可與人誠懇溝通，並想想是否有得罪他人之處。是一時找不到合適的機會，或是受大環境的限制，還是人為的阻礙？如果是機會的因素，那繼續等待機會不就行了嗎？如果是大環境的緣故，那就離開這個環境好了；如果是人為因素導致你無法施展自己的能力，你可與人誠懇溝通，並想想是否有得罪他人之處，如果是，就要想辦法與人溝通，如果你的骨頭硬，那當然就另當別論！

**三、亮出自己的其他專長**

如果你有第二專長，可以要求他人給個機會試試，說不定又為你開闢了一條生路。有時候，懷才不遇者是因為用錯了專長，他們確實有才，但用得不對，或者不是時候。如果你有第二專長，可以要求他人給個機會試試，說不定又為你開闢了一條生路。

**四、營造一種更加和諧的人際關係**

不要成為別人躲避的對象，而應該以你的才幹主動協助同事。但要記住，幫助別人時不要居功，否則會嚇跑你的同事。此外，謙虛客氣，廣結善緣，這將為你帶來意想不到的幫助。

**五、繼續強化你的能力**

只有在你的能力和展示的時機都已成熟時，你才會閃爍出耀眼的光芒！也許你是在某一方面有才，但可能由於才氣不夠，所以沒讓人看出來。這種情況下，你就應該更加強化自己這方面的能力，只有在你的能力和展示的時機都已成熟時，你才會閃爍出耀眼的光芒！別人當然才會看到你。

「懷才不遇」，已成為許多人常掛在嘴邊的哀歎。然而，哀歎本身並不能改變什麼。與其滿腹牢騷，還不如審思自己，努力去做。相信「是金子，總會發光」，珍珠的光澤不是沙子所能掩埋的。

不管怎樣，你最好不要成為一位懷才不遇者，勤懇地做好自己的事，即使是大材小用，也比沒用要好。從小處開始，你也許有一天能得到大用！

# 08 最高的道德是你自己的原則

最高的道德是個人的原則性。只有你自己才能告訴自己，你的未來會是什麼樣子，你最應該堅持的事，就是堅持自己的原則。

英國的一個城市公開招聘市長助理，條件必須是男人。當然，所說的男人並不僅僅從生理上界定，它指的是精神上的男人，每一個應考的人都理解。經過了多番文化和綜合素質的角逐，有一部分人獲得了參加最後一項特殊的考試的權利，

這也是最關鍵的一項。

那天，他們輪流去一個辦公室應考，這最後一關的考官就是市長本人。

第一個男人走進來，只見他一頭金髮熠熠閃光，天庭飽滿，高大魁梧，儀表堂堂。市長帶他來到一個特別的房間，房間的地板上灑滿了碎玻璃，尖銳鋒利，望之令人心驚膽顫。

市長以萬分威嚴的口氣說：「脫下你的鞋子！將裡面桌子上的一份登記表取出來，填好交給我！」

男人毫不猶豫地將鞋子脫掉，踩著尖銳的碎玻璃取出登記表填好交給了市長。他強忍著鑽心的痛，依然鎮定自若，表情泰然，靜靜地望著市長。

市長指著一個大廳淡淡地說：「你可以去那裡等候了。」男人非常激動。

市長帶著第二個男人來到另一間特殊的屋子，屋子的門緊緊地關閉著。市長冷冷地說：「裡邊有一張桌子，桌子上有一張登記表，你進去將表取出來填好交給我！」

男人推門，門是鎖著的。「用腦袋把門撞開！」市長命令道。

男人不由分說，低頭硬撞，一下、兩下、三下……足足有半個小時，頭破血流，門終於開了。他取出表認真地填好交給了市長，市長說：「你可以去大廳等候了。」男人非常高興。

就這樣，一個接一個，那些身強體壯的男人都用自己的意志和勇氣證明了自己。市長表情有些沉重。他帶最後一個男人來到一個房間，市長指著站在房間裡的一個瘦弱的老人對男人說：「他手裡有一張登記表，去把它拿過來填好交給我！不過他不會輕易給你的，你必須用你拳頭將他打倒……」

男人嚴肅的目光射向市長：「為什麼？你得讓我有足夠的道理！」

「不為什麼，這是命令！」

「你簡直是個瘋子，我憑什麼打人家？何況他是弱小的老人！」

市長又帶著他分別去了那個有碎破玻璃的房間和緊鎖著的房間，同樣遭到了他的反對和拒絕。市長對他大發雷霆……男人氣憤地轉身就走，被市長叫住了。

市長將這些應考的人都召集在一起，告訴他們只有最後一個男人考中了。

那些無一不傷筋動骨的人都捂著自己的傷口審視著被宣佈考中的人，當發現他身上的確一點傷也沒有時都驚愕他張大了嘴巴，非常不服氣，異口同聲地問：

「為什麼？」

市長說：「我們都不是真正的男人。」

「為什麼？」

市長語重心長地說：「真正的男人懂得反抗，是敢於為正義和真理獻身的人，而不是選擇唯命是從，做出沒有道理的犧牲的人」

最高的道德是個人的原則性。當你外在的行動和內在的思想相稱時，你是誠實的。當你拋棄你的真理去取悅他人時，你就放棄了誠實。羅伯特．路易士．史蒂文生大聲疾呼：「要想知道你喜歡什麼，而不是謙恭地對世界告訴你應該喜歡的事物說『阿門』，就要保持你的精神活潑。」

沒有什麼比保持精神活潑更重要，而這種精神活潑的支柱莫過於一個人的尊嚴與操守，自尊、自信、正直，放棄那些迎合別人的無謂犧牲，那麼你就擁有別人最真誠的敬意，你才算恪守這個世界上最高的道德。

有部電影，其中的主人公強調：「當你需要做出決定的瞬間出現時，你可以

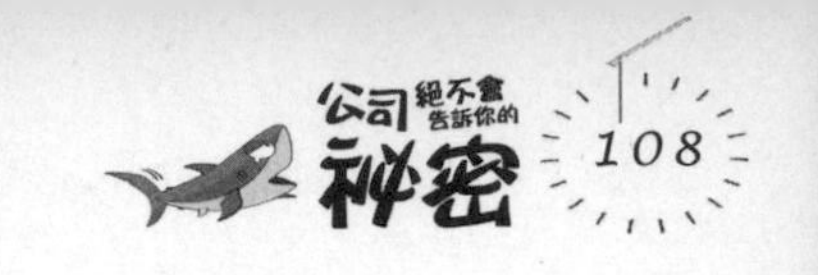


決定這一時刻，或者讓這一時刻決定你。」

當我們在決定我們的生活是什麼樣的時刻，我們總被引導著相信生活決定我們是誰。而事實上，在這個世界上只有你自己的精神才能告訴你，你將要走上的前途是什麼樣子的，與其問生活在遙遠天空的上帝你應該怎樣做，還不如僅僅問自己。

你應該堅持的事就是你自己的原則。相信、傾聽心靈的召喚，你就越生活在深刻的精神中，這也是最燦爛的道德之光。

# 09 你是誰是由你自己決定的

職場潛祕密

每個人都有自己的生活方式，而決定你成為什麼樣的人永遠只有你自己，一旦人生軌跡被別人所預設，你將被這個世界真正遺棄。

有一位年邁的富翁，他非常擔心自己留給兒子的巨額財產不但不能給兒子帶來幸福，反而會害了他。為此，他把兒子叫到跟前，向兒子講述了他自己如何白手起家的故事，目的是希望兒子也能發憤圖強，靠自己的努力打拼出一個天下來。

兒子聽了很感動，就決定獨自一個人去尋找寶物。他跋山涉水歷盡艱辛，最後在熱帶雨林找到一種樹木，這種樹木能散發一種濃郁的香氣，放在水裡不像別的樹一樣浮在水面而是沉到水底。他心想：這一定是價值連城的寶物！就滿懷信心地把香木運到市場去賣，可是卻無人問津，為此他深感苦惱。

當看到隔壁攤位上的木炭總是很快就能賣完時，他一開始還能堅持自己的判斷，但時間最終讓他改變了自己的初衷，他決定將這種香木燒成炭來賣。結果很快被一搶而空，他十分高興，迫不及待地跑回家告訴父親但父親聽了他的話，卻不由得老淚縱橫。原來，兒子燒成木炭的香木——沉香切下一塊磨成香粉，價值就超過了一車的木炭。

做人最怕的不是貧窮，而是沒有主見，經不住外界的誘惑而隨風搖擺，最終隨波逐流，放棄了自己最寶貴的東西。世人常犯的錯誤就是不能堅守自己，而總是喜歡和別人比較。一位大師曾經說過：「玫瑰就是玫瑰，蓮花就是蓮花，只能去看，不能比較。」

其實，塵世間的每一個人，都有一些屬於自己的「沉香」。但世人往往不懂

得它的珍貴，反而對別人手中的木炭羨慕不已，最終只能讓世俗的塵埃蒙蔽了自己智慧的雙眼。

世界上充滿了來自外界的「應該」的命令。宗教、社會、家庭、單位和貴族，有各式各樣的你應該是誰，和你應該怎樣做的想法。但，你身外沒有一個人和你一樣知道你個人的路線。他們指出的某些「應該」和你的「願意」相稱，但大多數卻不能。許多人退回到外在聲音所指示，看起來安全的路線上去。

然而，可能像你一樣，一個有著獨立精神的小人物，發現遵從比挑戰更有吸引力。走權威走過的路就意味著「非常便利」，選擇開闢好的道路是便利的，沒有問題和挑戰。但是那些接受和按照來自外在力量的命令去做的人，要以失去他們全部熱情為代價——無疑，這是一個註定要失敗的交易。

有這麼一個故事：

白雲守端禪師有一次和他的師父楊岐方會禪師對坐，楊岐問：「聽說你從前的師父茶陵郁和尚大悟時說了一首偈，你還記得嗎？」

「記得，記得。」白雲答道：「那首偈是：『我有明珠一顆，久被塵勞關鎖，

一朝塵盡光生，照破山河星朵。』」語氣中免不了有幾分得意。

楊岐一聽，大笑數聲，一言不發地走了。白雲怔在當場，不知道師父為什麼笑，心裡很愁煩，整天都在思索師父的笑，怎麼也找不出他大笑的原因。

那天晚上，他輾轉反側，怎麼也睡不著，第二天實在忍不住了，大清早就去問師父為什麼笑。楊岐禪師笑得更開心，對著失眠而眼眶發黑的弟子說：「原來你還比不上一個小丑，小丑不怕人笑，你卻怕人笑。」白雲聽了，豁然開朗。

很多時候我們總會陷入別人對我們的評論之中，別人的語氣、眼神、手勢……總是不經意中攪亂我們的心，消滅了我們往前邁步的勇氣，甚至整天沉迷在白雲般的愁煩中不得解脫，白白損失了做個自由快樂的人的權利，每個人都有自己的生活方式，而決定你成為什麼樣的人永遠只有你自己，一旦人生軌跡被別人所預設，你將被這個世界真正遺棄。

# 10 苦勞的人並非會得到尊重

職場潛祕密

商業時代以效率為先，憑業績說話；企業中員工不管多麼辛苦忙碌，如果缺乏效率，沒有業績，那麼一切辛苦皆是白費，一切付出均沒有價值。

無論黑貓白貓，能夠抓住老鼠的就是好貓；無論做多，做少，能夠找方法，做出業績的員工才是企業最需要的員工。追求效率是一個現代員工最基本的要求，

在市場經濟時代，做任何事情都應該有一個好的結果。不僅要做事，更要做好事。不僅要有苦勞，更要有功勞。

在工作中，有一句話常常被提到：「沒有功勞也有苦勞。」特別是那些能力不夠的、對待工作沒有盡力的人，這句話常常被他們用來安慰自己，也常常成為抱怨的藉口。他們認為，一項工作，只要做了，不管有沒有結果都應該算成績。

當今企業中，有不少員工存在這樣的想法。當上司交給的任務沒有成功地完成的時候，就會產生「沒有功勞也有苦勞」的觀念，覺得管理者會諒解自己的難處，會考慮自己的勞力因素。但是，事實上，沒有功勞的所謂苦勞不但耗費了自己的時間，還浪費了公共的資源。

市場只認效率，公司只認功勞。企業只能創造效益，員工只能拿出業績。假如企業生產的產品品質不好，不可能說這種產品雖然品質不好，但也是經由企業員工千辛萬苦製造出來的，顧客就將就買去吧，即使企業員工真的很辛苦，消費者也絕對不會這樣做的！

承認沒有功勞也有苦勞具有嚴重的危害性，承認苦勞就是承認低效率，容易

導致企業員工不積極進取，而是得過且過，這樣企業就沒有任何效益可言，沒有得到結果的所謂苦勞，只能是浪費資源。

我們做任何工作絕不是為了得到一段「回憶起來很可以玩味一番」的過程，而是要結果，而且是一種好的結果。

所以在工作中，每個人都應該樹立一種「結果心態」，不是想要，而是一定要。

日產NISSAN汽車的CEO卡洛斯．戈恩上任之前，全球車市一片蕭條，日產NISSAN更是陷入困境，步履維艱。而戈恩卻在面對日產公司的所有股東和員工，以及眾多新聞媒體的就職演說中，做出了一個驚人的承諾：「截至二〇〇四年，要做到全球銷量增加一百萬台；運營利潤率達到百分之八；汽車事業淨債務為零。」

然後又補充道：「我要實現這三個目標，如果任何一點沒有做到，我就出局！在這三個目標前，我沒有說一個『假如』：假如有了支持、假如經濟環境良好、假如日元匯率降低……這表示我已經決定，並已經承擔責任，這是我的承諾！」

戈恩以破釜沉舟之勢許下承諾，並以斬釘截鐵的果敢付諸行動，戈恩和NISSAN的最後成功也就是意料之中的事了。

在「結果導向」的思想貫徹下，「執行力」將被做更現實主義的理解。「決心第一，成敗第二；速度第一，完美第二；結果第一，理由第二」。這是保證執行的關鍵。

我們所說的「苦勞」只是迷惑人心的一種幻景，公司更喜歡拿出結果、做出功勞的人。若你不能為企業帶來結果，而一味強調自己的「苦勞」，最終只能落得被淘汰的結局。

經過數十年的努力，老張終於從一名普通的財務人員坐上了公司財務部門總監的位子，享受著優厚的薪水和福利待遇。老張是公司的老員工，論資歷在公司很少有人能與他相比，這也使他養成了自以為是、目中無人的習慣。

隨著公司發展步伐的加快，公司陸陸續續地引進了一批新人，財務部也引進了一個著名財經大學的畢業生。為了讓新員工儘快適應工作崗位，公司要求老員工儘量幫助新人。在新人到來的時候，身為財務部的負責人，老張口口聲聲說要

多幫助這位新來的員工。

但是很快老張感到了一種壓力，因為這個新員工工作能力極強，除了懂財務、行銷、外語和電腦，還曾經獲得全國珠算比賽的大獎，可說是才華出眾。相較之下，老張除了資歷以外，幾乎沒有什麼可以與人相比的。

這讓老張感到了前所未有的壓力。別說幫助別人了，自己有時還得向這位新員工請教一些問題。經過暗中觀察，老張發現這名新員工年紀輕輕，性格柔弱內向。經過一番計劃，老張對她制定了「全面遏制」政策：處處為她設置障礙，儘量不讓她接觸核心業務，甚至連電腦也不讓她碰，美其名曰：「專人專用」。

可是這也沒有難倒這位新員工，一支筆、一個算盤，把經她手的帳目做得漂漂亮亮、無可挑剔。幾年來她都忍辱負重，工作上一絲不苟、精益求精，想抹殺都抹殺不了。

老張自己做的一些項目卻頻頻出錯。一次，他做的一個重大項目的帳目被稅務局查出不合規範，面臨處罰。公司新領導人忍無可忍，對老張施加壓力，讓新員工參與全面的「糾錯」。不久，公司又毅然決定，由新員工擔任公司財務總監，

老張只需負責內務。

俗話說：「革命不分先後，功勞卻有大小。」企業需要的是能夠解決問題、勤奮工作的員工，而不是那些曾經做出過一定貢獻，現在卻跟不上企業發展步伐，自以為是又不做事的老員工。在一個憑實力說話的年代，講究能者上庸者下，沒有哪個老闆願意拿錢去養一些無用的閒人。

商業時代以效率為先，憑業績說話；企業中員工不管多麼辛苦忙碌，如果缺乏效率，沒有業績，那麼一切辛苦皆是白費，一切付出均沒有價值。現在一切用成功說話，只有成功，員工的付出才能得到回報。這是一個憑業績說話的時代，在這個時代，只有功勞，沒有苦勞。

戴爾公司的核心經營原則就是靠業績說話。戴爾對業績優秀的員工一向給予獎勵。同時，給業績平平者執行的是「嚴厲的走人政策」。

戴爾對各部門、各分支機構的考核更看重最後的結果，主要包括：一是業績方面的成果考核；二是削減成本的考核。戴爾的成果考核指標很多，有客戶忠誠度的指標考核；有投資回報率的考核等。戴爾以業績指標考核作為標準，牽引或者引導員工為結果打拼。

對結果負責，體現的是一個企業追求效率、超越自我的決心。憑業績和效益說話，才能在企業中形成良好的工作和人才環境，才能使企業不斷前進，在市場競爭中站穩腳跟並日益壯大。

# 耐心地聽你的抱怨只是公司的假象

Chapter 3

# 01 任何老闆都只看重結果

職場潛祕密

無論老闆多麼強調工作態度、職業習慣和素養，他始終在強調一個事情：事情的結果。要想獲得老闆的青睞，我們要擅於實現結果，尤其是老闆希望獲得的結果。

一八六一年，當美國內戰開始時，林肯總統還沒有為聯邦軍隊找到一名合適的總指揮官。林肯先後任用了四名總指揮官，而他們沒有一個人能「百分百執行

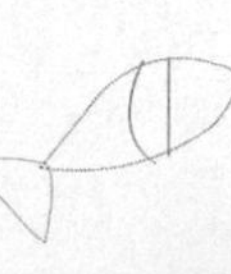

總統的命令」向敵人進攻，打敗他們。最後，任務被格蘭特完成。

從一名西點軍校的畢業生，到一名總指揮官，格蘭特升遷的速度幾乎是直線的。在戰爭中，那些能圓滿完成任務的人最終會被發現、被任命、被委以重任，因為戰場是檢驗一個士兵、一個將軍到底能不能出色完成任務的最佳場所。

在格蘭特將軍擔任聯邦軍隊總指揮官的期間，紐約方面派了一個牧師代表團到白宮求見林肯，要求撤換格蘭特。林肯耐心地聽他們講了一個小時。然後林肯說：「諸位還有話要說嗎？」代表們說：「沒有了。」於是林肯問道：「諸位先生，你們講得很好，我想請你們告訴我，格蘭特將軍喝的酒是什麼牌子的？」大家回答說：「不知道。」林肯說：「這太令人遺憾了。如果你們能告訴我是什麼牌子，我將派人購買該牌子的酒十噸，送給那些沒有打過勝仗的將軍們，好讓他們也像格蘭特一樣打幾場勝仗！」

為什麼林肯總統這麼器重格蘭特？

因為在當時的局勢下，聯邦軍隊大部分的將領一直在打敗仗，他們甚至差點被南方軍隊打到華盛頓。他們中間沒有一個人敢於主動進攻，更沒有一個人能像

格蘭特那樣：當他還是上校時，他就開始打勝仗；當他升為陸軍準將時，他還是在打勝仗；當他升為少將時，他仍然在打勝仗。他打的勝仗越來越多，規模也越來越大。他總是能利用手中有限的軍隊、有限的武器，創造戰場上的最大勝利。後來格蘭特升為聯邦軍隊的總指揮後，他更創造了戰爭史上一個又一個的奇蹟。

格蘭特因為創造了無數影響後人的經典戰役，他本人也被稱為「戰場上的想像大師。」林肯總統是格蘭特最有力的支持者。而格蘭特也以他非凡的執行力贏得了林肯的信任。林肯在後來的評價曾說道：「格蘭特將軍是我遇見的一個最善於完成任務的人。」

在戰場中，林肯總統需要能夠像格蘭特那樣將勝利，而不是問題帶給自己的將軍，同樣道理，在職場中，老闆也需要那些能夠克服困難，擅於取得成果的員工。有無數的事例證明，既能和老闆同舟共濟、又具有很強業務能力、總是能圓滿完成老闆交代的工作的員工，才是老闆最欣賞的員工。

在實際工作中，老闆關心的事不是出現了什麼問題，應當怎樣去解決。他們關注的只是問題有沒有解決，有沒有一個確定的結果。在這裡，很多人有一個思

想上的誤解，認為自己只要完成了老闆交代的任務，就是創造了業績，得到了結果，但實際上並不是這樣。任務只是結果的一個外在形式，它不僅不能代表結果，有時還會成為我們工作中的託辭和障礙。在職場中，我們必須要明白一個基本的不等式：完成任務不等於結果。

有一個小和尚擔任撞鐘一職，半年下來，覺得無聊之極，認為自己的工作缺乏挑戰和新意，只是「做一天和尚撞一天鐘」而已。

有一天，主持宣佈調他到後院劈柴挑水，原因是他不能勝任撞鐘一職。

小和尚很不服氣地問：「我撞的鐘難道不準時、不響亮？」

老主持耐心地告訴他：「你撞的鐘雖然很準時，也很響亮，但鐘聲空泛、疲軟，沒有感召力。鐘聲是要喚醒沉迷的眾生，因此撞出的鐘聲不僅要洪亮，而且要圓潤、渾厚、深沉、悠遠。」

為什麼小和尚不能勝任撞鐘一職？因為小和尚在這裡是在做任務——撞鐘，他以為這就是主持與眾生想要的結果。但主持與眾生真正想要的結果是什麼？不是撞鐘，而是喚醒沉迷的眾生！在這裡，小和尚的工作是撞鐘，但其工作的核心價值是喚醒眾生，而不是把鐘敲響。這為我們的工作帶來這樣的啟示：要取得讓老闆滿意的結果，我們就應當關注自己工作的核心價值，而不是把目光放在任務是否完成上。

發現工作的核心價值，對於我們以最快的速度解決工作中的問題至關重要，但是，它必須被正確地定義才能對我們有所幫助。例如，我們工作的核心價值並非永遠不能遲到，或者永遠在工作的時候不得與同事閒聊，工作的核心價值就是工作要被完成，並且創造出有利於我們的生活的東西。過分地關注於這些非核心價值的東西，無疑會分散我們寶貴的精力。

舉個工作中的例子來說明這一點：

當你需要確保按照客戶要求的時間交貨時，如果把「趕上交貨的時間」定義為這項工作的核心價值，你就有可能被這個「期限」壓得焦頭爛額。你必須明白，服務於客戶才是這件事真正的核心價值，而只有明確了這一點，你才能自發地產生責任感，會付出不計一切代價的努力，擁有熱情和應變能力，隨時隨地地捍衛這一價值所在。所以，真正在我們的工作中有著導向作用的，就是發現工作的核心價值。

例如，在公司裡，人力資源部門的「核心價值」就應該是招募。人力資源部可以把辦勞保、辦培訓、算工資等其他一系列相關工作都做得很好，但是就像建房子沒有打地基，萬丈高樓就無法平地起。假如一個公司的人力資源部門連人都招不進來，那麼培訓、社保等工作又從何談起呢？人力資源部的工作也就無價值可言，也談不上符合公司內部客戶的需要，更無法與自己的工資進行平等的價值交換。

有位老總曾經苦笑著說，他的公司裡來了個新會計，做報表的態度很認真，報表的格式也做得漂漂亮亮、整整齊齊。可惜，報表上的資料與實際發生額相差甚遠，不僅老闆看了一頭霧水，就連她自己對報表上的原始資料來源也都說不清楚。於是，這張報表也就成了實際上的廢紙，在公司管理層做決策時，一點參考作用都沒有。

這位會計沒有發現工作中的核心價值，她雖然表面上完成了任務，卻仍然是把問題帶到了老闆那裡。一位會計的「核心價值」是什麼？那就是資料的真實性，

這是最基本的要求。如果財務的基礎資料都出問題，那麼任何精神的核算都會失去應有的價值。

有一位博士，在義大利某名牌鞋店買鞋。最合腳的尺碼賣完了，他選了一雙小一號的，但有一點緊。他想到反正鞋穿久後會鬆的。於是依然掏錢要買，可是售貨員卻拒絕賣給他，理由是顧客試穿時的表情不對勁，「我不能將顧客買了會後悔的鞋子賣出去」。

顯然，這個售貨員是一個注重做事結果的員工。因為他不僅是在做老闆「吩咐」他做的事，而且更懂得老闆和公司吩咐他做事的結果：就是把令人滿意的服務提供給消費者。

# 02 貪占小便宜會付出大代價

職場潛祕密

老闆最恨貪占小便宜的人，一旦發現這種事情，必然會嚴懲。這是因為如果不能嚴加管理，長此以往會使公司的每一個人都變成「小偷」。所以貪小便宜會付出大代價。

育霖是一家公司的採購員，他看到公司訂的圓珠筆、複印紙異常精美，便時常地拿些回去給他上學的女兒使用。這些東西恰好被女兒的老師看見，而該老師

的丈夫正是這家公司的高級主管。

該高級主管由這件事瞭解到：「這個員工只想著自己而不是公司！這樣的員工怎麼會為公司努力做事呢？」於是，他解雇了育霖。

有誰會想到這竟然是由一些複印紙造成的呢！職場中有些人往往會在無意間占公司的小便宜、揩公司的油，他們一有機會就拿公司的電話打私人電話，或者趁上司不在時做自己的私事，甚至悄悄溜出去。還有些人認為公司的物品反正是免費資源，所以隨意把它們拿回家去使用。他們認為公司的便宜是「不占白不占」。

一個員工，要養成不拿公家一針一線的習慣。一張複印紙，一支圓珠筆，看似細小之事，其所造成的傷害，可能比你想像的要嚴重很多。「不因善小而不為，不因惡小而為之。」一個人職業品德的好壞，往往從細小的地方表現出來。

作為職場人士，不妨從以下細節開始做起：

**一、不打電話聊私事**

照理說，工作時間一般是不應該打私人電話的。但這樣做，也有相當的困難。

每個打進公司來的電話都會自稱是非常重要，你卻無法分辨誰真誰假。要是一概不准接進來，萬一人家確有急事，就顯得太不人道了。所以，對於上班時間的私人電話，上司是沒有萬全辦法的，一切都得靠大家自覺。

**二、不能因為玩樂耽誤工作**

人是需要有自控力的。可以說，人的一舉一動、一言一行要得體，就離不開適當的自我控制。越是在玩樂的第二天，越是要早點起床。除了完成日常的盥洗外，再留一點時間作一個心理調整，把週末玩樂時拋開的工作重新記憶起來，想一想這星期該做哪些工作，今天上班該做哪些事。

倒也不是真要你定什麼周密的工作計劃，而是要你收收心，以清醒的頭腦去上班。你不要隨便找個藉口就去找跟老闆請假，比如身體不好，家裡有事，孩子生病……這樣次數一多，會讓任何老闆無法接受。

**三、不要在上班時間閒聊**

上班時間和同事閒聊，給人的印象是工作不認真，無所事事，老闆也會以為你沒有把心思放在工作上。而這，也是令老闆無法容忍的。

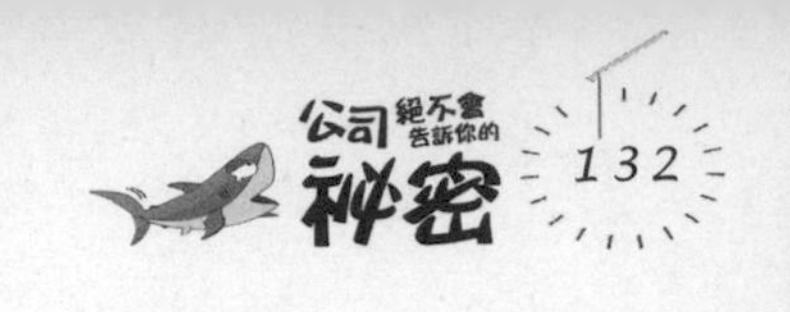



、不隨便請假

只要一有事哪怕是一件微不足道的私人小事就請假，還自我安慰說：「反正我把工作做完了，就算今天沒來，明天我會多做一點的，沒什麼大不了。」那就會給你的日後造成麻煩，甚至影響你的個人前途。

小李和小張都是某公司銷售科的業務骨幹。當公司要在他們當中選拔一個人擔任銷售科經理時，對他們的業績進行了考核，發現他們業績相當，協調性、創造性等各項條件也不相上下。

在這種情況下，老闆很難判斷到底誰比較好。因為一旦做出了錯誤的判斷，就很可能會引起下屬的不滿，有失公平之嫌。這時，最容易用來作為判斷標準的就是出勤率。於是，小李因為多請了幾次假，而喪失了這個升職的好機會。

# 03 老闆會看重和他一樣思考的人

職場潛祕密

老闆也需要在組織內部找到自己的朋友，尤其是思想上的朋友。如果你能以老闆的心態要求自己，像老闆那樣思考工作，在潛移默化之間，老闆就會將你當作知己。

「像老闆一樣思考」這種重要的工作態度，源於IBM創始人老湯瑪斯·沃森的一次銷售會議。那是一個寒風凜冽、陰雨連綿的下午。老沃森在會上先介紹

了當前的銷售情況，分析了市場面臨的種種困難。會議一直持續到黃昏，氣氛很沉悶，一直都是湯瑪斯·沃森自己在說，其他人則顯得煩躁不安。

面對這種情況，老沃森緘默了十秒，待大家突然發現這個十分安靜的情形有點不對勁的時候，他在黑板上寫了一個很大的「THINK」（思考），然後對大家說：「我們共同缺少的是——思考，對每一個問題的思考。別忘了，我們都是靠工作賺得薪水的，我們必須把公司的問題當成自己的問題來思考。」然後，他要求在場的人開動腦筋，每人提出一個建議。實在沒有什麼建議的，對別人提出的問題，加以歸納總結，闡述自己的看法與觀點。否則，不得離開會議。

結果，這次會議取得了很大的成功，許多問題被提了出來，並找到了相應的解決辦法。從此，「思考」便成了ＩＢＭ公司員工的「座右銘」。

像老闆一樣思考的員工無論自己的職位高低，無論老闆在不在，他們都會把公司的事情當成自己的事情，盡職盡責，而不是把問題留給老闆。

昭慶是一家鋼鐵公司主管過磅稱重的小職員，到這家鋼鐵公司工作還不到一個月，他就發現很多礦石並沒有完全充分的冶煉，一些礦石中甚至還殘留著未被冶煉好的鐵。他想：如果繼續這樣下去的話，公司豈不是會有很大損失？

於是，他找到了負責該項工作的工人，跟他說明了這個問題。這位工人說：「如果技術有了問題，工程師一定會跟我說，現在還沒有哪一位工程師跟我說過這個問題，說明現在還沒有出現你說的情況。」

昭慶又找到了負責技術的工程師，對工程師說明了他看到的問題。工程師很有自信地說：「我們的技術是世界一流的，怎麼可能會有這樣的問題？」工程師並沒有重視昭慶所說的問題，還暗自認為：一個剛剛畢業的大學生，能明白多少，不會是因為想博得別人的好感而表現自己吧？

但是昭慶一直認為這是個很大的問題，於是他拿著沒有冶煉好的礦石找到了公司負責技術的總工程師，他說：「先生，我認為這是一塊沒有冶煉充分的礦石，你認為呢？」

總工程師看了一眼，說：「沒錯，年輕人！你說得對，哪裡來的礦石？」

昭慶說：「我們公司的。」

「怎麼會，我們公司的技術是一流的，怎麼可能會有這樣的問題？」總工程

師很詫異。

「工程師也這麼說，但事實確實如此。」昭慶堅持道。

「看來是出問題了。怎麼沒有人向我反映？」總工程師有些生氣。

總工程師立即召集負責技術的工程師來到車間，果然發現了一些冶煉並不充分的礦石。經過檢查發現，原來是監測機器的某個零件出了問題，才導致無法充分冶煉。

公司的總經理知道了這件事後，不但獎勵了昭慶，而且還晉升昭慶為負責技術監督的工程師。總經理不無感慨地說：「我們公司並不缺少工程師，但缺少的是負責任的工程師。工程師沒有發現問題事小，別人提出問題還不以為然事大。這樣的人無論能力多強，資歷多高，都不會是一個稱職的人。」昭慶能獲得工作之後的第一步成功，主要取決於他有像老闆一樣思考的職業精神。能夠把公司的事當成自己的事，處處為公司的利益著想。

從現在起，請認真思考以下問題吧：如果我是老闆，會怎樣對待無理取鬧的顧客？

如果我是老闆，目前這個專案是不是需要再考慮一下，再做投資的決定？

如果我是老闆，面對公司中無謂的浪費，會不會採取必要的措施？

如果我是老闆，對自己的言行舉止是不是應該更加注意，以免造成不良的後果？

……

毫無疑問的是，當你以老闆的角度思考問題時，應該對你的工作態度、工作方式以及你的工作成果，提出更高的要求與標準。只要深入思考，積極行動，那麼你所獲得的評價一定會提高，當然，也必定會成為一名老闆眼中的稱職員工。

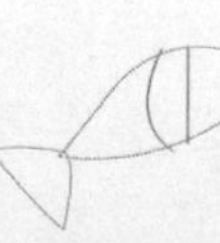

# 04 你的心態決定老闆與你的遠近

以老闆的心態來要求自己，你就會像老闆那樣獲得事業上的成功。具備老闆的心態，你就會成為一名稱職的員工。因為稱職，你會獲得老闆的尊重和器重。

一位成功學專家曾經說過，一個人應該永遠同時從事兩件工作：一件是目前所從事的工作；另一件則是真正想做的工作。如果你能將該做的工作做得和想做

的工作一樣認真，那麼你一定會成功，因為你正在為未來做準備，正在學習一些足以超越目前職位甚至成為老闆、老闆的老闆的技巧。

當你有為自己工作的心態，並能以老闆的心態來要求自己時，你就會很快具備做老闆的素質。一個在事業上獲得成功的經理說：「除了那些含著金湯匙出生的富二代之外，絕大多數的老闆都是從上班族做起的，而一個人上班時的心態，是決定這個人日後是否會成為老闆的一個關鍵。」

齊瓦勃是伯利恆鋼鐵公司——美國第三大鋼鐵公司的創始人。他出生在美國鄉村，只受過短暫的學校教育。十五歲那年，家中一貧如洗的他到一個山村做了馬夫。然而雄心勃勃的齊瓦勃無時無刻不在尋找著發展的機遇。

三年後，齊瓦勃來到鋼鐵大王卡內基所屬的一個建築工地上班。一踏進建築工地，齊瓦勃就表現出了高度的自我規劃和自我管理的能力。當其他人都在抱怨工作辛苦、薪水低並因此而怠工的時候，齊瓦勃卻一絲不苟地工作著，並且為著以後的發展而開始自學建築知識。

一天晚上，同伴們都在閒聊，惟獨齊瓦勃躲在角落裡看書。那天恰巧公司總

經理到工地檢查工作，經理看了看齊瓦勃手中的書，又翻了翻他的筆記本，什麼也沒說就走了。

第二天，公司總經理把齊瓦勃叫到辦公室，問：「你學那些東西幹什麼？」齊瓦勃說：「我想，我們公司並不缺少打工者，缺少的是既有工作經驗、又有專業知識的技術人員或管理者，對嗎？」經理點了點頭。不久，齊瓦勃就被升任為技師。

打工者中，有些人諷刺挖苦齊瓦勃，他回答說：「我不光是在為老闆打工，更不單純是為了賺錢，我是在為自己的夢想打工，為自己的遠大前途打工。我們只能在認認真真的工作中不斷提升自己。我要使自己工作所產生的價值，遠遠超過所得的薪水，只有這樣我才能得到重用，才能獲得發展的機遇。」抱著這樣的信念，齊瓦勃一步步升到了總工程師的職位。二十五歲那年，齊瓦勃當了這家建築公司的總經理。

憑藉這樣的職業精神，齊瓦勃建立了屬於自己的伯利恆鋼鐵公司，並創下了非凡的業績，真正完成了他從一個打工者到創業者的飛躍，成就了自己的事業。

以老闆的心態去對待公司，處處為公司著想，把公司視為己有並盡職盡責的人，終將會贏得成功的獎賞。

以老闆的心態對待公司，為公司節約花費，把公司的資產當作自己的資產一樣愛護，你的老闆和同事都會看在眼裡。因此，你不妨假設一下，如果你是老闆，你對自己今天所做的工作完全滿意嗎？別人對你的看法也許並不重要，真正重要的是你對自己的看法。回顧一天的工作，捫心自問一下：「我是否付出了全部的精力和智慧？」

如果你是老闆，一定會希望員工能和自己一樣，將公司當成自己的事業，更加努力，更加勤奮，更加積極主動。以老闆的心態對待公司，你就會成為一個稱職的，值得信賴的人，一個老闆樂於雇用的人，一個讓老闆放心的人。

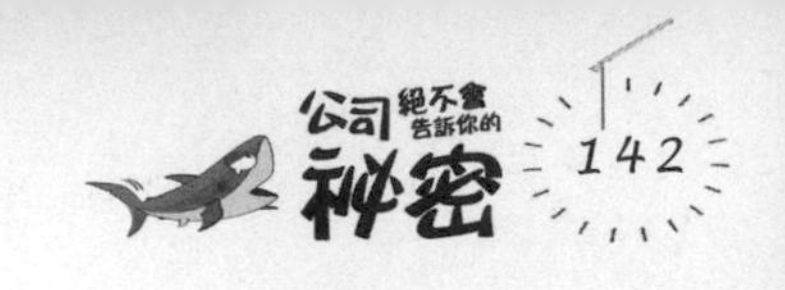


# 05 忠誠度是最不能開的玩笑

士兵必須忠誠於統帥，這是士兵的義務。同樣，職場人士必須忠誠於公司和自己的職業，這是職場人士的義務。如果你不能做到這一點，公司和老闆必然將你遠離。

有一家生意不錯的旅遊公司，在老闆出差期間，竟被競爭對手搶去了大部分的業務。旅遊旺季到來之時，這家旅行社以往的簽約顧客居然一個都沒有來。旅

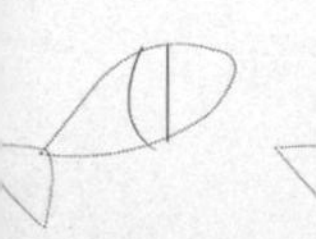

行社陷入了前所未有的危機之中，老闆覺得很對不起公司的員工。

老闆說：「現在，公司的資金出現了周轉困難，如果有人想辭職，我會立刻批准，但要在平時，我會挽留，如今我已經沒有理由挽留大家了。我發兩個月的薪水給你們，在你們找到新的工作之前，這些錢可能還夠用。」

「老闆，我不走，我不能在這個時候離開。」一個員工說。

「老闆，我們一定會戰勝困難的。」另一個員工說。

「是的，我們不會走的。」很多員工都這樣說。

……

這家旅行社並沒有倒閉，甚至比以前做得更好。

老闆說：「這要感謝我的員工，在我最危難的時刻，是他們的忠誠幫助公司戰勝了困難。」

的確，是忠誠拯救了這家公司。

朗訊CEO盧梭說：「我相信忠誠的價值，對企業的忠誠是對家庭忠誠的延續，我從柯達重回朗訊，承擔拯救朗訊的重任，這是我對企業的一份忠誠。我一直把喚起員工對企業的忠誠作為自己努力的目標。」或許只有忠誠才具有這麼大的號召力。

對於職場人士而言，忠誠的含義主要包括兩個方面：

## 一、忠於公司

沒有一個老闆不喜歡忠誠的員工，他們無時不在考察誰是可靠的，誰又是不可靠的。在一項對世界五百強企業中的部分總裁做的調查中，當問到「您認為員工最應具備的品質是什麼」時，這些巨頭們無一例外地選擇了兩個字：忠誠。

忠誠是包含在敬業當中的、在職場中最應值得重視的美德。每個企業的發展和壯大可以說都是靠員工的忠誠來實現的，如果大部分的員工對公司都不忠誠，那麼這家公司距離破產也就不會太遠，員工也就即將面臨著失業。

忠誠是人類最重要的美德之一。忠實於自己的公司，忠實於自己的老闆，與同事們同舟共濟、共赴艱難，將獲得一種團體的力量，人生就會變得更加飽滿，事業就會變得更有成就感，工作就會成為一種人生享受。相反的，那些表裡不一、言而無信之人，整天陷入爾虞我詐的複雜的人際關係中，在上下級之間、同事之間玩弄各種權術和陰謀，即使一時得以提升，取得一點成就，但終究不是一種理想的人生和令人愉悅的事業，最終受到損害的還是自己」。

一位作家說，有一次一個小夥子向他自薦，想做他的抄寫員。小夥子看起來對抄寫工作是完全能勝任的。條件談妥之後，他就讓那個小夥子坐下開始工作，但是小夥子卻朝牆壁看了看掛鐘，然後心急地對他說：「我現在不能待在這裡，我要去吃飯。」他說：「噢，你必須去吃飯，你必須去！你就一直為了今天你等著去吃的那頓飯祈禱吧，我們兩個永遠都不可能配合在一起。」

那個小夥子曾對作家說過，自己因為得不到雇傭而感到特別沮喪，但是當他有了一點點起色的時候卻只想著提前三、四個小時吃飯，而把自己說過的話忘得一乾淨。

一位總裁說過：「我的用人之道一個很重要的標準就是『忠誠』。當我們爭論一個問題時，忠誠意味著你把自己的真實想法告訴我，不管你認為我是否喜歡它。意見不一致，在這一點上，讓我感到興奮。但是一旦做出了決定，爭論終止，從那一刻起，忠誠意味著必須按照決定去執行，就像執行你自己做出的決定一

樣。」

二、忠於職業

人們最憎惡的就是背叛，你的老闆更是如此，所以就愈加珍惜忠誠，忠誠是對自己所堅守的信念的忠實和虔誠。忠誠是一種責任、一種義務、一種操守，忠誠是一種至為高貴的品格。任何人都有責任去信守和維護忠誠，這是對你所從事的工作、所堅持的信念最大的保護，喪失忠誠是對責任的最大的傷害，也是對品行和操守的最大褻瀆。

著名管理大師艾柯卡，受命於福特汽車公司面臨重重危機之時，他大刀闊斧地進行改革，使福特汽車公司走出危機。但是，福特汽車公司董事長小福特卻對艾柯卡進行排擠，這使艾柯卡處於一種兩難的境地。此時，艾柯卡卻說：「只要我在這裡一天，我就有義務忠誠於我的企業，我就應該為我的企業盡心竭力地工作。」

儘管後來艾柯卡離開了福特汽車公司，但他仍然很欣慰自己為福特公司所做的一切。

「無論我為哪一家公司服務，忠誠都是一大準則。我有義務忠誠於我的企業和員工，任何時候都是如此。」艾柯卡說。正因為如此，艾柯卡不僅以他的管理能力折服了其他人，也以自己的人格魅力征服了別人。

無論一個人在企業中是以什麼樣的身份出現，對企業的忠誠都應該是一樣的。一個成功學家說：「如果你是忠誠的，你就是成功的。」作為一名員工，你的忠誠對於你自己而言，就是你成功的通行證。

忠誠，不僅會讓一個人獲得更多的成功機會，更重要的是它使一個人獲得了彌足珍貴的美德。在任何時候，美德都不會貶值的。如果你渴望成功，那就要保持忠誠的美德，讓它成為你的工作準則，並在此基礎上逐步培養正確的道德觀，發展真正的好品格，這樣，老闆總有一天會給你理想的回報。

# 06 像合夥人一樣和老闆合作

將老闆當作是對手的人，是愚蠢的人。只要將老闆當作最佳搭檔與合作對象，成為老闆最有力的幫手，才能在幫助老闆獲得成功的同時，使自己也獲得成功。

很多人認為，員工和老闆天生是一對冤家。人們最常聽到的是相互間的抱怨，即使偶爾彼此關心一下，也讓人覺得有點假惺惺的。人們常呼籲老闆要多為員工著想，是出於有利於企業發展的願望來考慮的，而員工似乎就很少有理由要為老闆著想了。

但究其根本，老闆和員工不過是兩種不同的社會角色，只是社會分工不同而已。老闆和員工，這兩種角色實際上是一種互惠共生的關係。

自然界中有許多互惠共生的現象。比如昆蟲綱等翅目的昆蟲和其腸道中的鞭毛蟲或細菌之間的關係就是共生關係。等翅目昆蟲的腸道是鞭毛蟲或細菌的棲身之所，它們幫助等翅目昆蟲消化纖維素，而等翅目昆蟲不僅為它們提供藏身之所，還給它們提供養料。若互相分離，兩者都不能生存。

老闆與員工的關係也有異曲同工之妙。從社會學的角度講，老闆和員工都互惠共生的關係。沒有老闆，員工就失去了賴以生存的就業機會；而沒有了員工，老闆想追求利潤最大化也只能是鏡中花、水中月。

對於老闆而言，公司在生存和發展需要職員的敬業和服從；對於員工來說，需要的是豐厚的物質報酬和精神上的成就感。從互惠共生的角度來看，兩者是和諧統一的——公司需要忠誠和有能力的員工，業務才能進行，員工必須依賴公司

的業務平臺，才能發揮自己的聰明才智。

為了自己的利益，每個老闆只保留那些最佳的職員——那些能夠忠於企業，盡職盡責完成工作的人。同樣的，也是為了自己的利益，每個員工都應該意識到自己與公司的利益是一致的，並且全力以赴努力去工作。只有這樣才能獲得老闆的信任，才能在自己獨立創業時，保持敬業的習慣。

許多公司在招募員工時，除了能力以外，個人品行是最重要的評估標準。品行不端正的人不能用，也不值得培養。因此，優秀員工應當遵循這樣的職業信條：如果你為一個人工作，真誠地、負責地為他做；如果他付給你薪水，讓你得以溫飽，為他工作——稱讚他，感激他，支持他的立場，和他所代表的機構站在一起。

在一個有著卓越企業文化和完善激勵機制的企業中，員工在享受著老闆提供的優厚待遇的同時，也會為老闆著想，積極為企業未來的發展出謀獻策，積極工作。即使企業一時遇到困難，也會與老闆一起同舟共濟，渡過難關。每個人都知道，只有上下齊心協力，才能使企業在激烈的競爭中立於不敗之地，在老闆賺取利潤的同時，員工的利益才能得到持久的保障。

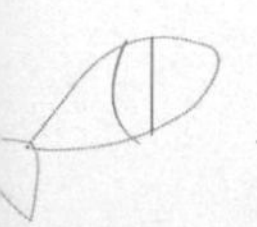

《聖經》上說：「助人就是助己。」多做一點對你並沒有害處，也許會花掉你一些時間和精力，但是可以使你從競爭者中脫穎而出，你的老闆和顧客會關注你、信賴你、需要你，進而給你更多的機會。今天種下的種子，總有一天會結出甜美的果實，最終受益的還是你自己。

有些員工以為老闆整天只是打打電話，喝喝咖啡而已，這種認識使他們無意中讓自己的立場與老闆對立起來，使老闆和員工之間原本和諧共贏的關係變得尖銳起來。實際上，老闆並不像我們想像中的那麼輕鬆瀟灑，作為公司的經營者，他們承擔著巨大的壓力和風險，他們只要清醒著，頭腦中就會思考公司的行動方向。一天十幾個小時的工作時間並不少見，一到下班時間就率先衝出去的員工不會得到老闆的喜愛，所以不要吝惜自己的私人時間。即使你的付出得不到什麼回報，也不要斤斤計較。

斤斤計較一開始只是為了爭取個人的小利益，但久而久之，當它變成一種習慣時，為利益而利益，為計較而計較，會使人變得心胸狹隘、自私自利。它不僅對老闆和公司造成損失，也會扼殺你的創造力和責任心。

我們知道，員工個人的成功是建立在團隊成功之上的，沒有企業的快速增長和高額利潤，我們也不可能獲取豐厚的薪酬。企業的成功不僅意味著老闆的成功，也意味著員工的成功。也就是說，你必須認識到，只有老闆成功了，你才能夠成功。老闆和員工的關係就是「一榮俱榮，一損俱損」，認識到這一點，主動做事，幫老闆獲取成功，你很快就能在工作中贏得老闆的青睞。

說明老闆獲取成功有許多方式，但不是拍馬屁。老闆並非全才，在工作中也會遇到許多難題。這些難題也許不是你分內之事，可是這些難題的存在卻阻礙著團隊的前進，如果你能夠幫助老闆解決這些難題，無疑，你在成功的路上會進展得更快。

羅斯是某學院的部門助理，他的老闆安迪負責管理學生和教職員工。極其糟糕的簽到系統使學生們常常因還未上課就被記名；許多班級擁擠不堪；一些班級卻又太小，面臨被註銷的危險。

意識到安迪承受著改進學生簽到系統的壓力，羅斯自告奮勇組織開發一個新的體系，老闆高興地同意了他的意見。於是這個小組開發出了一個卓有成效的系統。在此之後的一次組織機構改組中，安迪升任了主任，隨即，羅斯被提升為副主任。對羅斯成功開發了這套系統，安迪給予了高度讚揚。

聰明優秀的員工就像上文中的羅斯一樣，會不斷調整自己的思路，與老闆保持一致，因為他們已經開始意識到了以下的變化趨勢：

一、只有個人的利益與公司利益、老闆利益緊密地結合在一起，企業發展壯大了，員工的個人利益才有可靠的保證。

二、員工個人才華的有效發揮和老闆的支持是分不開的。員工只有在企業中找到自己合適的工作平臺，才能盡可能地施展出所學與專長。

三、員工個人的事業發展也離不開老闆。員工如果處處從老闆的角度為其著想，在工作上竭盡所能，也就有可能在個人的事業發展上有所建樹，有所成就。

在一個各種制度完善的公司裡，每一個員工的升遷都來自個人的努力，老闆所能做的只是考察哪些人有資格獲得獎勵和晉升。有實力的員工都有公平競爭的機會，也正因為如此，員工才能夠感覺到自己與公司是一個整體。可見，員工和老闆是否對立，既取決於員工的心態，也取決於老闆的做法。聰明的老闆會給員

工公平的待遇，而員工也會以自己的忠誠予以回報。

所以，真正意義上的員工與老闆的關係，絕不是天生的一對冤家，而應是互惠互利、創造雙贏的合作者。其實，大多數的雇主都要比雇員更完美，原因很簡單，只有更完美的人才能從雇員成長為雇主。

一般說來，那些時刻跟老闆立場一致，並幫助老闆取得成功的人，才能成為企業的中堅力量，才會成為令人羨慕的成功人士。

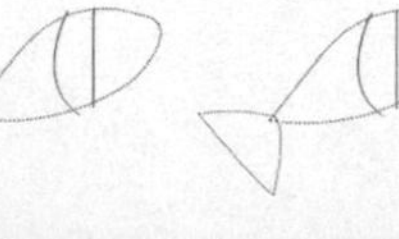

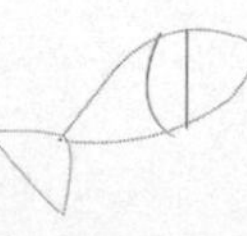

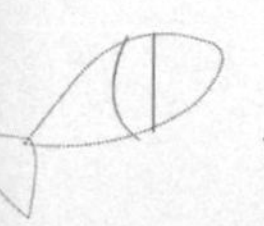

# 07 不服從老闆永遠是你的錯

任何任務佈置和安排，老闆都有著周全的考慮。而且他考慮的角度並非是人人都能理解。老闆最不希望自己的命令被違抗，或者任務被打折執行。因此，對於執行者而言，不管你對老闆的命令是否理解和認同，你唯一能做和要做的事情就是：立即執行。

一支部隊、一個團隊，或者是一名戰士或員工，要完成上級交付的任務就必

須具有強又有力的執行力。接受了任務就意味著做出了承諾，而完成不了自己的承諾是不應該找任何藉口的。

可以說，沒有任何藉口是執行力的表現，這是一種很重要的思想，體現了一個人對自己的職責和使命的態度。思想影響態度，態度影響行動，一個不找任何藉口的職員，肯定是一個執行力很強的人。可以說，工作就是不找任何藉口地去執行。

曾經有這樣一個故事：

東北一家國有企業破產，被日本財團收購。廠裡的人都翹首盼望著日方能帶來讓人耳目一新的管理辦法。出人意料的是，日本人來了，卻什麼都沒有變。制度沒變，人沒變，機器設備沒變。日方就只有一個要求：把先前制定的制度堅定不移地執行下去。結果不到一年，企業就開始轉虧為盈。

日本人的絕招是什麼？執行，無條件地執行。

在一次眾多企業老總舉辦的管理會議上，主持人做了這麼一個測驗，要求參與人員在二十分鐘內，將一份緊急資料送給《羊城晚報》社的社長，並請他在回

條上簽字。主持人特別申明：不得拆看信中資料。

在這次測驗中，有一名會員大膽地打開了資料袋，發現是個空信封，然後提出了若干批評意見。主持人問各位受邀嘉賓：「作為一名執行者，你認為他這樣做，對嗎？」在場的老總回答的內容雖然五花八門，但幾乎所有的人都回答：「打開信封是不對的，絕對不能看。」

在公司裡，一名執行人員可以在執行任務之前儘量瞭解事實的背景，但一旦接受任務後就必須堅決地執行。領導層的命令，有的可以與執行者溝通，講清理由：有的不行，有一定的機密性，有時就需要做而不需要知道。

對於執行，我們需要邀請，如果一接到任務就想著怎麼樣去完成它，而不去考慮這個任務的可行性，我相信這就是公司要找的員工。如果一開始就充滿懷疑，那麼團體的目標都是無法實現的。

喜歡足球的人都知道，德國國家足球隊向來以作風頑強著稱，因此在世界賽場上成績斐然。德國足球成功的因素有很多，但有一點應該特別看重，那就是德國隊隊員在貫徹教練的意圖、完成自己位置所擔負的任務方面執行得非常徹底，

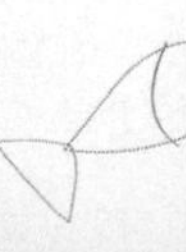

即使在比分落後或全隊困難時也一如既往，沒有任何藉口。

你可以說他們太死板、太機械化，也可以說他們沒有創造力，不懂足球藝術。但成績說明一切，至少在這一點上，作為足球運動員，他們是優秀的，因為他們身上流淌著執行力文化的特質，無論是足球隊還是企業，一個團隊、一名隊員或員工，如果沒有完美和執行力，就算有再多的創造力也可能沒有什麼好的成績。

巴頓將軍在他的戰爭回憶錄《我所知道的戰爭》中曾寫到這樣一個細節。

「我要提拔人時，常常把所有的候選人排在一起，給他們一個我想要他們解決的問題。我說，『夥計們，我要在倉庫後面挖一條戰壕，八英尺長，三英尺寬，六英寸深。』我就告訴他們那麼多。

我有一個有窗戶或有大節孔的倉庫。候選人正在檢查工具時，我走進倉庫，透過窗戶觀察他們。我看到夥計們把圓鍬和十字鎬都放在倉庫後面的地上。他們休息幾分鐘後開始議論我為什麼要他們挖這麼淺的戰壕。他們有的說六英寸深還不夠當火炮掩體。其他人爭論說，這樣的戰壕太熱或太冷。如果夥計們是軍官，他們會抱怨他們不該做挖戰壕這麼普通的體力勞動。最後，有個夥計對別人下使命：『讓我們把戰壕挖好後離開這裡吧。那個人想用戰壕幹什麼都沒關係。』」

最後，巴頓寫到：「那個夥計得到了提拔。我必須挑選不找任何藉口地完成任務的人。」

這個社會上的大多數成功者，他們之所以成功，不是因為他們有多少新奇的想法，而是因為他們自覺地進行著一項最有效的活動——執行，他們都有一個最大的特點：「無條件服從命令」。

看看那些當街叫賣的小攤小販們，他們是優秀的執行者；看看街邊小店忙裡忙外吆喝的店員們，他們也是優秀的執行者；看看那些裝修公司的業務員們，每天跑十多個工地，與十多個客戶洽談，還要去分散在各處的地點購買材料，他們是什麼樣的人？毫無疑問，他們具有最優秀的執行力。所以，在面對上司的命令時要明確一點，服從是無需任何條件的，只要是必須做的事情，就要堅決的執行。

# 08 什麼樣的馬給什麼樣的價錢

決定你薪水的不是老闆，而是你的業績。老闆的原則是：什麼樣的馬匹支付什麼樣的價錢。如果你的業績出眾，展現出千里馬品質，老闆自然會願意為你花大錢。

工作中常聽到有人抱怨自己缺乏機遇，認為從事自己當前的工作「沒有前途」。他們整日抱怨自己懷才不遇，卻不曾認真想過在當前的工作中是否表現出

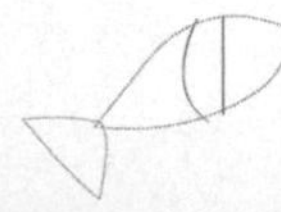

了優於眾人的才華。如果你成績平平，或者對工作敷衍了事，甚至頻頻出錯，你卻還認為老闆不授予自己重要的職責，不給你更大的發揮空間，這豈不是癡人說夢，無稽之談嗎？

要知道，職場的競爭歸根到底是業績的競爭，要想脫穎而出，備受器重，你就得沉下心來，用切實的行動與業績，證明自己的價值。有一位老闆曾經說過：「我不是慈善家，我的公司也不是慈善機構，他們不能為公司帶來價值和利潤，就算他本事再大，也只能請他離開！」

企業是以贏利為目的的機構，沒有利潤，沒有資本的流入，企業只能面臨倒閉的困境。在一個企業中，考核員工的標準只有一個，那就是業績。無論你做的是什麼工作，不管你是一名經理，還是一名普通職員，都要透過業績來展現你的價值。否則即便你自身能力再強，學歷再高，經驗再足，你在老闆眼中都是沒有價值的。

「對人才來說，真正重要的是能力和業績，即使他沒有學歷。」談及人才的標準，雖然各跨國公司都有自己的選人「祕訣」，選拔人才的具體標準也各有千

秋，但上述呼聲卻是共同的，並且各公司認為這才是人才標準中最核心的部分。

一項對全球五百強企業進行的調查同樣證實了這一點，這些公司的人才標準有三個：知識、能力和業績，而能力和業績則是最重要的。

人才問題專家分析說：「已開發國家，當然包括著名跨國公司，對人才標準的界定早已走出了『唯學歷』、『唯學位』的範圍，而主要強調『兩個導向』。一是能力導向。雖然要考慮人才的學歷和職稱，但更突出其綜合能力和專業水準，進而真正做到唯才是用。因為一個人的綜合素質是很難用學歷表現出來的。如果一個有知名大學畢業生五年做不出成績，就很難講他就是一個有用之才。二是業績導向。在競爭環境中，業績是至關重要的，因為只有業績才能把一個人跟其他競爭者區別開來。在進行人才評價時，不能僅看文憑和其畢業的大學，而是要看他對社會做了哪些貢獻，有何業績。」

一切都要以業績為導向，無論老闆還是員工。

在職場上，只虛有其表而無真本領的人，無法贏得他人的尊重與賞識。任何看起來華麗但無實際用處的外在因素，都不能決定我們的內涵與價值，要證明自

己的能力和價值，唯有業績。

在現實生活中，開展工作也好，服務於老闆也好，必須沉住氣，把努力的目標放在如何為企業贏取利潤上。要知道，考核員工能力的標準，是你的業績，也唯有你的業績才能展現你的價值。

職場中，業績是檢驗優劣的標準，是證明能力的尺度。一個員工是否優秀，關鍵要看他所創造的業績。作為一名員工，光是幻想和嘮叨是沒有用的，你應當沉住氣，用心做好每一天的工作，及時有效地解決工作中的問題，這樣你才可能得到你想要的一切。

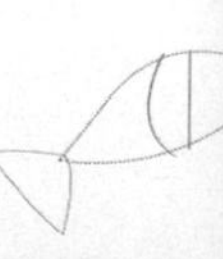

# 09 以敬業來成為老闆的「自己人」

任何人都喜歡重用自己的嫡系。要想成為老闆的嫡系，你必須將公司的事情當作是自己的事情。這是因為，只要像老闆那樣全身心投入到工作，老闆才會把你當作他的「自己人」，你才有機會獲得提拔和重用。

作為公司的一員，拿著公司的薪水，就應當把公司的事情當成自己的事，把自己的身心徹底融入公司，盡職盡責，處處為公司著想，出現問題時挺身而出，將問題妥善解決，而不是將問題留給別人來解決。

克里斯是一家大型滑雪娛樂公司的普通修理工。這家滑雪娛樂公司是全國首家引進人工造雪機在坡地上造雪的大型公司。

一天深夜，克里斯按例出去巡視，突然看見有一台造雪機噴出的不是雪而是水。憑著工作經驗，克里斯知道這種現象，是由於造雪機的水量控制開關和水泵水壓開關不協調而導致的。

他急忙跑到水泵坑邊，用手電筒一照，發現坑裡的水已經快漫到了動力電源的開關，若不趕快採取措施，將會發生動力電纜短路的問題。這種情況一旦發生，將會給公司帶來嚴重損失，甚至可能傷及到許多人的性命。一想到這，克里斯不顧個人安危，斷然跳入水泵坑中，控制住了水泵閥門，防止了水的漫延。

隨後他又絞盡腦汁，把坑裡的水排盡，重新啟動造雪機開始造雪。當同事們聞訊趕過來幫忙時，克里斯已經把問題處理妥當。但由於長時間在冷水中工作，他已經凍得無法走路了。聞訊趕來的老總派人連夜把克里斯送入醫院，才使他轉

危為安。

克里斯在造雪機出現問題的危機關頭挺身而出，用自己的實際行動阻止了問題的蔓延，這種不把問題留給別人的行為，是一個人敬業精神的最佳寫照。一個像克里斯那樣將企業利益放在首位，把公司的事當成自己的事的人，是不會把工作上的問題推給別人的。像這樣的人，即使能力相對較弱，也能獲得提拔，得到重用，實現自己的人生價值。

下面這個故事就是最好的例證：

一次，一家公司的行銷部經理率領他的團隊去參加某國際產品展示會。在開展之前，有許多事情需要加班、加點地做，諸如展位設計和佈置、產品組裝、資料整理和分裝等。可是行銷部經理率領的團隊中的大多數人，卻和往常在公司時一樣，不肯多做一分鐘，一到下班時間，就跑回飯店或者逛大街去了。經理要求他們加班，他們說：「又沒有加班工資，幹嘛要留下來做？」更有甚者還說：「你只不過職位比我們高一點而已，何必那麼拼命呢？」

在開展的前一天晚上，公司老闆親自來到會場檢查會場的進展情況。到達會場時，已經是凌晨一點了，讓老闆感動的是，行銷部經理和一個叫小周的維修工正趴在地上，認真地擦著裝修時黏到地板上的塗料，兩個人都渾身是汗。而讓老闆驚訝的是，沒有看見其他的人。

見到老闆，行銷部經理站起來對老闆說：「我失職了，沒有能夠讓所有的人都留下來工作。」

老闆拍拍他的肩膀，沒有責備他，而指著小周問：「他是在你的要求下才留下來工作的嗎？」

經理簡單地把情況介紹了一遍。這個工人是主動留下來工作的，在他留下來時，其他工人都嘲笑他是傻瓜：「你賣命什麼啊，老闆不在這裡，你累死，老闆也不會看到的啊！還不如回飯店好好地睡上一覺！」

老闆聽完敘述，沒有做出任何表示，只是招呼他的祕書其他幾名隨行人員一同參加工作。

參展結束後，回到公司，老闆就辭退了那天晚上沒有參加勞動的所有工人和工作人員，同時，將與行銷部經理一同工作的小周，提拔為安裝分廠的廠長。

那些被開除的人都滿腹牢騷地來找人事部經理理論：「我們只不過多睡了幾個小時的覺，憑什麼就辭退我們？那個小周不過是多做了幾個小時的工作而已，憑什麼當廠長？」

人事部經理對他們說是：「用前途去換取幾個小時的覺，這是你們自己的行為，沒有人強迫你們那麼做，怨不得誰。而且，我還可以根據這件事情推斷，你們在日常的工作裡偷了很多懶，這是對公司極度的不負責任。小周雖然只是多做幾個小時的工作，但據我們調查，他一直都是一個一心為公司想的人，在平日裡也默默地奉獻了許多，比你們多幹做了許多工作，得到提拔是應該。」

把公司的事當成自己的事是一種最基本的職業要求，它要求每一個員工對自己工作中出現的問題不迴避。不推諉，自覺主動地運河解決它。然而在現實工作中卻很少有人能夠做到這一點，正是因為難得，這種精神在當今職場中顯得更為珍貴。

# 10 耐心聽你的抱怨只是公司的假象

職場潛祕密

無論是老闆還是同事，與你合作是希望你來解決問題，而不是聽你抱怨。做好工作是你的本職，抱怨只能讓人討厭。如果你不能認識到這一點，你就「死期」不遠了。

「煩死了，煩死了！」一大早就聽玉寧不停地抱怨，一位同事皺皺眉頭，不高興地嘀咕著：「本來心情好好的，被妳一吵也煩了。」玉寧現在是公司的行政

助理，事務繁雜，是有些煩，但誰叫她是公司的管家呢，事無巨細，不找她找誰？

其實，玉寧性格開朗外向，工作起來認真負責。雖說牢騷滿腹，但該做的事情，還是一點也不曾怠慢。設備維護，辦公用品購買，交通費，買機票，訂客房……玉寧整天忙得暈頭轉向，恨不得長出八隻手來。再加上為人熱情，中午懶得下樓吃飯的人，還會請她幫忙叫外賣。

剛繳完電話費，財務部的小李來領膠水，玉寧不高興地說：「昨天不是剛來領過嗎？怎麼就你事情最多，今天這個、明天那個的？」抽屜開得劈里啪啦，翻出一個膠水，往桌子上一扔，「以後東西一起領啦！」

小李有些尷尬，又不好說什麼，忙陪笑臉：「妳看妳，每次找人家報銷都叫親愛的，一有點事求妳，臉馬上就拉長了。」

大家正笑著呢，銷售部的麗娜急急忙忙的衝進來，原來是影印機卡紙了。玉寧臉上立刻晴轉多雲，不耐煩地揮揮手：「知道了。煩死了！跟妳說一百遍了，先填保修單。」單子一甩，「填一下，我去看看。」

玉寧邊往外走邊嚷嚷：「維修部的人都死光了嗎？怎麼什麼事情都找我！」

對桌的小張氣壞了：「妳說這什麼話啊？我是有惹到妳嗎？」

態度雖然不好，可是整個公司的正常運轉真是離不開玉寧。雖然有時候被她說得下不了臺，但也沒有人說什麼。怎麼說呢？她不是應該做的都盡心盡力做好了嗎？可是，那些「討厭」、「煩死了」、「不是說過了嗎」……實在是讓人不舒服。特別是同辦公室的人，玉寧一叫，他們頭都大了。「拜託，妳不知道什麼叫情緒污染嗎？」這是大家的一致反應。

年末的時候公司投票選舉最優秀工作人員，大家雖然都覺得這種活動老套又可笑，但暗地裡卻都希望自己能榜上有名。獎金倒是小事，誰不希望自己的工作得到肯定呢？上司們認為最優秀工作人員非玉寧莫屬，可是一看投票結果，五十多張選票，玉寧只得十二張。

有人私下說：「玉寧是不錯，但就是嘴巴太厲害了。」

玉寧很委屈：「我累死累活的，卻沒有人體諒……」

抱怨的人不見得不善良，但常常不受歡迎。抱怨就像用菸頭燙破氣球一樣，讓別人和自己洩氣。誰都恐懼牢騷滿腹的人，怕自己也受到傳染。抱怨除了讓你

喪失勇氣和朋友，於事無補。

其實，抱怨別不如反思自己。

小王剛出來打工時，和公司其他的業務員一樣，拿很低很低的底薪和很不穩固的抽成，每天每月的工作都非常辛苦。當他拿著第一個月的工資回到家，向父親抱怨說：「公司老闆太摳門了，給我們這麼低的薪水。」慈祥的父親並沒有問具體薪水，而是問：「這個月你為公司創造了多少財富？你拿到的與你給公司創造的是不是相稱呢？」從此，他再也沒有抱怨過，既不抱怨別人，也不抱怨自己。更多的時候只是感覺自己這個月做的成績太少，進而更加勤奮地工作。

兩年後，他被提升為公司主管業務的副總經理，工資待遇提高了很多，他時常考慮的仍然是「今年我為公司創造了多少財富？」

有一天，他手下的幾個業務員向他抱怨：「這個月在外面風吹日曬，吃不好，睡不好，辛辛苦苦，大老闆才給我三萬五千元！你能不能跟大老闆建議再增加一些。」

他問業務員：「我知道你們吃了不少苦，應該得到回報，可是你們想過沒有，你們這個月每人給公司只賺回了五萬元，公司給了你們三萬五千元，公司得到的並不比你們多。」

業務員都不再說話。

以後的幾個月，他手下的業務員成了全公司業績最優秀的業務員，他也被老總提拔為常務副總經理，這時他才二十七歲。去人才市場招聘時，凡是抱怨以前的老闆沒有水準、給的待遇太低的人他一律不要。他說，持這種心態的人，不懂得反思自己，只會抱怨別人。

沒有任何一家公司希望招進愛抱怨的員工，也沒有任何一個人願意跟愛抱怨的人打交道。抱怨只能使人討厭。即使別人看上去無動於衷，其實內心深處早已將抱怨的人列為不受歡迎的對象。作為職場人士，要想避免成為愛抱怨的人，就必須清醒地認識到下面這些現實：

**一、抱怨解決不了任何問題**

分內的事情你可以逃過不做嗎？既然不管心情如何，工作遲早都是要做，那何苦叫別人心生芥蒂呢？太不聰明了。有發牢騷的工夫，還不如動動腦筋想想辦

法：事情為什麼會這樣？我所面對的可惡現實，與我所預期的愉快工作有多大的差距？怎樣才能如願以償？

**二、發牢騷的人沒人緣**

沒有人喜歡和一個絮絮叨叨、滿腹牢騷的人在一起相處。再說，太多的牢騷只能證明你缺乏能力，無法解決問題，才會將一切不順利歸於種種客觀因素。若是你的上司見你整天哼哼唧唧，他恐怕會認為你做事太被動，不足以託付重任。

**三、冷語傷人**

同事只是你的工作夥伴，而不是你的兄弟姐妹，就算你句句有理，誰願意洗耳恭聽你的指責？每個人都有貌似堅強實則脆弱的自尊心，憑什麼對你的冷言冷語一再寬容？很多人會介意你的態度：「你以為你是誰？」何況很多人不會把你的好放在心上，一件事造成的摩擦就可能使你一無是處。小心翼翼都來不及，何況是惡語相加？

**四、重要的是行動**

把所有不滿意的事情羅列一下，看看是不是制度不夠完善？還是管理存在漏洞？公司在運轉過程中，不可能百分之百地沒有問題。那麼，快找出來，解決它。如果是職權範圍之外的，最好與其他部門協調，或是上報公司。

請相信，只要你有誠意，沒有解決不了的問題。當然，如果你盡力了，還是無法力挽狂瀾，那麼也儘快停止抱怨，換個工作吧。

Chapter

4

# 「你不可替代」是鬼話

# 01 你挑剔工作，公司就會挑剔你

在老闆眼裡，你就是一個螺絲釘。你只有服從安排而無權挑三揀四。如果你挑剔工作，即便老闆什麼也不說，他也會在暗地裡提高工作要求來挑剔你。對工作挑三揀四的人最容易被解雇，不挑剔工作的人更容易成功。

維斯卡亞公司是二十世紀八〇年代美國最為著名的機械製造公司，其產品銷

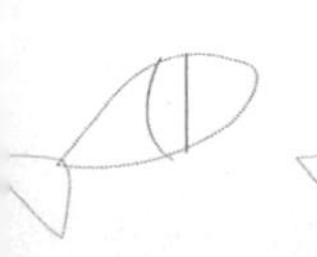

往全世界，並代表著當今重型機械製造業的最高水準。許多人畢業後到該公司求職均遭拒絕，原因很簡單，該公司的高技術人員爆滿，不再需要各種高技術人才。但是令人垂涎的待遇和足以自豪、炫耀的地位，仍然向那些有志的求職者閃爍著誘人的光環。

史蒂芬是哈佛大學機械製造業的高材生。和許多人的命運一樣，在該公司每年一次的用人測試會上被拒絕申請，其實這時的用人測試會已經是徒有虛名了。史蒂芬並沒有死心，他發誓一定要進入維斯卡亞重型機械製造公司。

於是，他採取了一個特殊的策略——假裝自己一無所長。

他先找到公司人事部，提出為該公司無償提供勞動力，請求公司分派給他任何工作，他都不計任何報酬來完成。公司起初覺得這簡直不可思議，但考慮到不用任何花費，也用不著操心，於是便分派他去打掃車間裡的廢鐵屑。

一年來，史蒂芬勤勤懇懇地重複著這種簡單但是勞累的工作。為了糊口，下班後他還去酒吧打工。這樣，雖然得到老闆及工人們的好感，但是仍然沒有一個人提到錄用他的問題。

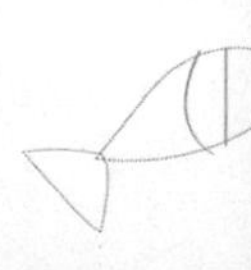

上世紀九〇年代初，公司的許多訂單紛紛被退回，理由均是產品品質有問題，為此公司將蒙受巨大的損失。公司董事會為了挽救頹勢，緊急召開會議商議對策。當會議進行一大半卻未見眉目時，史蒂芬闖入會議室，提出要直接見總經理。

在會議上，史蒂芬把這個問題出現的原因做了令人信服的解釋，並且就工程技術上的問題提出了自己的看法，隨後拿出了自己對產品的改造設計圖。這個設計非常先進，恰到好處地保留了原來機械的優點，同時還克服了已出現的弊病。總經理及董事會的董事見到這個編外清潔工如此精明在行，便詢問他的背景以及現狀。史蒂芬當即被聘為公司負責生產技術問題的副總經理。

原來，史蒂芬在做清掃工時，利用清掃工到處走動的特點，細心察看了整個公司各部門的生產情況，並一一做了詳細記錄，發現了所存在的技術性問題並想出解決的辦法。為此，他花了近一年的時間設計，獲得了大量的統計資料，為最後一展雄姿奠定了基礎。

大多數的人未必一開始就能獲得非常有意義的工作，或非常適合自己的工作。倒是有相當一部分的人，剛開始都被派去做一些非常單調、呆板和自認毫無意義的工作，於是認為自己的工作枯燥無味或說公司一點都不能發現自己的才能，因而馬虎行事，以致無法從該工作中學到任何東西。

對待任何工作，正確的工作態度應是：耐心去做這些單調的工作，以培養出克己的心智。如果最初無法培養出這種克己的心智，漸漸地便難以忍受呆板單調的工作，一次又一次的調換工作場所，並慢慢地被調到條件差的工作崗位，逐漸成為無用的人。

所以，即使是單調且無趣的工作，也應該學習各種富有創意的方法，使該工作變得更為有趣且富有意義。千萬不可因為工作性質單調、呆板而虛應了事，應當以認真的態度去處理，並想出一些富有創意的辦法，而得以學習到許多事物。

就上班族而言，最重要的是在年輕時代去體驗各種工作，特別是去經歷自己所不專長的工作，進而開拓自己所不擅長的能力。這是因為——在財務方面所知有限、不善處理人際關係、缺乏營業觀念和技術不精等缺點，對一個上班族而言，將導致難以大展宏圖的困境。

在當今時代，如果僅專精於一個領域，將會成為一個專業愚才，而對於一個

上班族而言，就很可能會停滯在最低層級。因此，越是向高處走，就越需要能將所有的事物做綜合性判斷的整合思考能力；如果想要具備這種能力，須在年輕的時候，樂於接受自己所不專長的工作，並設法精通，這是非常重要的。

慶儒從某間知名大學中文系畢業，應徵到一個出版社工作，一心想闖一番大事業，可是一開始，上司只分配他校對文稿，這也是有意鍛鍊他的耐心與毅力，可是他卻認為自己是被大材小用，終日提不起興趣來，對工作毫不認真，經他手校對的文稿出錯率往往超過出版社的規定標準。上司認為，連文稿都校對不好，還能做什麼重要的工作呢？

與慶儒相反，他的朋友阿信，碩士畢業後到了一個政策理論研究機構工作，一開始上司讓他做內部刊物的排版、校對工作，做些雜七雜八的事情。熟悉他的人都覺得這工作簡直是浪費人才，可是他每天卻仍抱著極大的熱情去工作。他認為做排版也是需要學問的，甚至校對文稿也是一件不容易的事。有時為了趕刊物出版時間，連星期日都過去加班。

他不但把自己負責的事情做好，還主動分擔一些理論研究工作，文章也寫得非常有深度。他的才能與品行很快得到了上司的賞識，工作不到兩年，就已經成為單位的工作骨幹，並被提升為該刊物的實際負責人。

對任何一個機構來說，遞水、掃地、跑腿、傳遞資訊、接電話、接待來訪等等，這些事總是要有人做的。事務性工作構成了祕書人員、機關科室人員正常工作的有機組成部分，所以說，欲做大事必須從小事做起，大事孕育於小事之中。

那種大事做不了、小事又不願做的心理是要不得的。小到個人，大到一個公司、企業，它們的成功發展，正是來源於平凡工作的累積。公司需要的是能夠在平凡中成長的人，所以能夠認真對待每一件事，能夠把平凡工作做得很好的人，才是能夠發揮實力的人。因此不要看輕任何一項工作，沒有人是可以一步登天的，當你認真對待瞭解每一件事，你會發現自己的人生之路越來越廣，成功的機遇也會接踵而來。

十八世紀瑞典化學家舍勒在化學領域做出了傑出的貢獻，可是瑞典國王毫不知情。在一次去歐洲旅行的途中，國王才瞭解到自己的國家竟有這麼一位優秀的科學家，於是國王決定授予舍勒一枚勳章。可是負責頒發勳章的官員孤陋寡聞，又敷衍了事，他竟然沒有找到那位全歐洲知名的舍勒，而是把勳章發給了一個與舍勒同姓的人。

其實，舍勒就在瑞典一個小鎮上當藥劑師，他知道國王要發給他一枚勳章，也知道發錯了人。但他只是付諸一笑，當沒有那麼一回事，仍然埋頭於化學研究之中。

舍勒在業餘時間裡用極其簡陋的自製設備，首先發現了氧，還發現了氯、氨、氯化氫，以及幾十種新元素和化合物。他從酒石中提取酒石酸，並根據實驗寫成兩篇論文，送到斯德哥爾摩科學院。科學院竟以「格式不合」為理由，拒絕發表他的論文。但是舍勒並不灰心，在他獲得了大量研究成果以後，根據這個實驗寫成的著作終於與讀者見面了。舍勒在三十二歲那年當選為瑞典科學院院士。

如果你有舍勒這種埋頭苦幹、鍥而不捨的精神，有在平凡中求偉大的品性，那麼成功也就離你不遠了。要知道在整個社會系統中，除了一些特殊的人從事特定工作之外，一般人的工作都是很平凡的。雖然是平凡的工作，但只要努力去做，和周圍的人配合好，依然可以做出不平凡的成績。

# 02 自我感覺越優，越容易遭解雇

自我感覺優越並不是你遭解雇的直接原因，相反是間接原因。因為自我感覺優越，你將會在組織內部不受歡迎，進而無法締結良好的人際關係。這是你的致命傷。老闆往往只會裁掉人際關係不好的人，因為這樣的人只會使團隊不和諧，破換團隊的凝聚力。

公司裡有個男孩莫翰，出身於很好，相貌英俊，加上老闆喜歡他，所以平時

頗有些驕傲，說話辦事很少顧及別人的感受。有一次，他拿了一首署名「李白」的「詩」，以十分誠懇的口氣請求一位女孩子念一遍給大家聽。那個女孩受寵若驚，一字一句地念道：「暗梅幽聞花，臥枝傷恨底，遙聞臥似水，易透達春綠。」辦公室的同事們個個如同看了一齣方言演出的小品般大笑不止，而後，「達春綠（大蠢驢）」便成了那位女同事的外號。

「達春綠」從此再也不和莫翰說話，即使工作需要，也不過是互相發個E-mail，言簡意賅。莫翰覺得她太小氣，很不開心。有一次，女孩接到一個客戶的電話找莫翰，便轉到他的分機上。誰知那個客戶是諮詢一些業務問題，而莫翰剛調離業務部。他借題發揮：「一天到晚就知道瞎轉電話，不想接就別接，把耳朵豎起來聽清楚。」女孩生氣了：「你說話注意點，自重點。」說完，拂袖而去。

第二天，女孩用完影印機後沒有復位，莫翰恰好去印一些東西，說：「誰呀，設置了放大的比例。」

女孩連忙道歉：「噢，我忘了按RESET。」

沒想到莫翰陰陽怪氣地來了一句：「呵，懂幾句英文就跩了。」

女孩愣了一下，便順著他的話接了一句：「難道你是土包子聽不懂這麼簡單的英文單字嗎？」

同事竊笑不止，莫翰當即臉色很難看。但是後來，他就再也沒有對那女孩說出什麼不敬的話。

女孩事後和同事解釋敢於和這位「紅人」頂撞的原因：「當著一屋子同事的面，他這麼無禮地對我，而我卻一言不發，那麼以後每個人可能都會這樣毫不尊重地指責我。」

俗話說：「種瓜得瓜，種豆得豆。」把這條樸素哲理運用到社會交往中，可以說，你處處顯得比別人優越、高人一等，得到的回報就是被別人厭棄。大家都吃經濟餐，你卻偏偏要選最貴的菜，這樣也很容易讓大家討厭你。和大家一起喝咖啡時也不可以很招搖地說：「大家別客氣，今天我請客。」這樣大家會有被輕視的感覺。

現代的年輕人很注重個人色彩，總是說：「只要是我喜歡，有什麼不可以！」但是，太過於自我是很難交到朋友的。建立良好的人際關係第一步就是不可乙太

過於標新立異，這種配合大家的生活態度也是一種生活的智慧。年輕人希望表現自己的獨特性格，希望引人注目，這是可以理解的，但這只適合與朋友交往，不適合公事。

任何人都不喜歡別人表現得比自己出色。相反的，每個人都喜歡別人不如自己，有些男性總是自認為自己是主角，女性只是助理而已。有這樣想法的男性很容易引起女性的反感，因而得不到女性的協助。

現代女性的女權意識高漲，因此，男性如果對女性有輕蔑的態度或舉動，很容易遭到女性的抗議。在西方，有些國家的女權運動，從一百多年前持續到今天。我們的社會上雖然沒有爆發強烈的女權運動，但尊重女性早已是時代的趨勢，身為現代的男性，不應該還有輕視女性的想法。

以往在工作上的責任區分，多有男重女輕的現象，女性多為輔助男性的工作，責任也比男性為輕。但是，現在已經大不相同了，女性所擔負的工作責任，也並不比男性輕，工作分量更不少於男性。以同樣的工作來說，以前的男性員工只要負責進攻就可以了，公司內部的事自有女性員工代為收拾。所以男性很容易會表

現的比較專橫，凡事都以命令的語氣要求女性「把這個做一做」，但是，在現代的男女之間，必須講求互相尊重，自己的工作就要自己解決。

由於女性的工作地位愈來愈受到尊重，即使是男性主管也不能隨隨便便地對女性部屬說：「喂，去倒杯咖啡來！」或是：「倒茶！」而是必須用很客氣地語調說：「麻煩妳幫我倒杯咖啡好嗎？」總之，不論是男性或是女性，懂得尊重別人才能得到別人的尊重，總認為自己比別人優越是得不到別人的好感的。相反的，你要讓你的同事覺得比你優越。

法國哲學家羅西法古說：「如果你要得到仇人，就表現得比你的朋友優越吧；如果你要得到朋友，就要讓你的朋友表現得比你優越。」

頭幾個月當中，麗娜在她的同事之中連一個朋友都沒有。為什麼呢？因為每天她都使勁吹噓她在工作方面的成績，她新開的存款戶頭，以及她所做的每一件事情。「我工作做得不錯，並且深以為傲，」麗娜說，「但是我的同事不但不分享我的成就，而且還極不高興。我渴望這些人能夠喜歡我，我真的很希望他們成為我的朋友。後來，我開始少談我自己而多聽同事說話。他們也有很多事情要吹噓，把他們的成就告訴我，比聽我吹噓更令他們興奮。現在當我們有時間在一起閒聊的時候，我就請他們把他們的歡樂告訴我，好讓我分享；只在他們問我的時候，我才說一下我自己的成就。」

蘇格拉底也在雅典一再地告誡他的門徒：「你只知道一件事，就是你一無所知。」無論你採取什麼方式指出朋友的錯誤：一個蔑視的眼神，一種不滿的腔調，一個不耐煩的手勢，都有可能帶來難堪的後果。你以為他會同意你所指出的嗎？絕對不會！因為你否定了他的智慧和判斷力，打擊了他的榮譽感和自尊心，同時還傷害了他的感情。他非但不會改變自己的看法，還會進行反擊，這時，你即使搬出所有柏拉圖或康得的邏輯也無濟於事。

永遠不要說這樣的話：「看著吧！你會知道誰是誰非的。」這等於說：「我會使你改變看法，我比你更聰明。」實際上這是一種挑戰。在你還沒有開始證明對方的錯誤之前，他已經準備迎戰了。為什麼要給自己增加麻煩呢？

# 03 公司時刻都在尋找比你更廉價的人

我們必須承認，公司內部的人員流動與更迭是一種正常現象。這是老闆所必須採取的措施：他是一個生意人，如果有比目前職員更低廉的替代者，他一定會想把目前的在職人員換掉。如果你不想讓這個悲劇在自己身上發生，你就必須增加公司更換你的成本。

美國總統林肯忙碌了一天之後，剛剛上床休息，就接到一個電話：

「總統閣下，請問我能不能替代剛去世的關稅主管？」

林肯對這位鑽營者說：「如果殯儀館沒異議，我當然不反對。」

這位鑽營者顯然是想成為死者的替代品，成為關稅主管。在經濟學上，替代品是指兩種產品存在相互競爭的銷售關係，即一種產品銷售的增加會減少另一種產品的潛在銷售量，反之亦然，比如豬肉和牛肉。與替代品相對應的是互補品概念。互補品指兩種商品必須互相配合，才能共同滿足消費者的同一種需要，比如汽車和汽油。

有天，丈夫對妻子說：「我想，妳是不願意穿著一身舊衣服去餐廳的。」

妻子想也沒想，立即回答：「那當然……」

丈夫馬上接話：「那太好了，我就知道妳不願意，所以我就請了我的女祕書代替妳出席了。」

美貌的女祕書成為了糟糠之妻的替代品。這是為什麼情人這種現象屢屢出現的根源，在事業有成的丈夫那裡，女祕書又成了他的互補品。因為那個餐廳當晚舉辦的是一場雞尾酒會，准入的唯一條件是必須男女成對參加。如果女祕書不去，

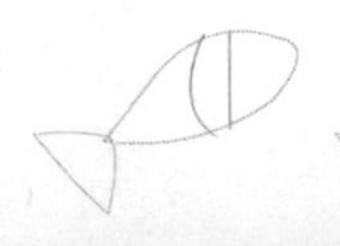
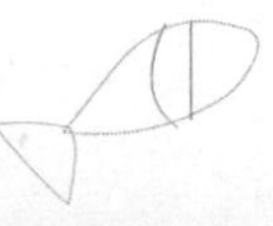

丈夫也去不成。

替代現象是一種極其普通的現象，不僅在情感世界裡發生，在職場裡也是比比皆是。我們先看一下兩個場景。

**場景一：**

對不起，約翰，你的確很優秀，但是現在不再需要你為公司服務了。這是喬丹，剛從大學畢業，他的薪水只需要你的一半。接下來的兩個星期，你培訓一下讓他來接替你的位置。

**場景二：**

老闆你好，公司發展很有前景，你也很出色，但我還是要離開了，因為我現在找到一份新工作，薪水是我目前的三倍。這是喬丹，剛從大學畢業，他的薪水只要我的一半。我相信你會非常樂意讓他來接替我的位置。

雖然場景不同，但結果相同，原理相同。不管被炒還是炒老闆，喬丹替代了約翰。

事情繼續往下發展：儘管喬丹十分聰明，並且學校給出的成績單極其出色，但是僅僅對他培訓兩星期就讓他接替已經在此工作兩年的約翰的工作，還是勉為其難。喬丹感覺很吃力，因為這個職位至少需要兩個月才能上手。

問題出現在這裡：不管是約翰主動辭職還是被解雇，公司都應該尋找一個能力與其相當的人來代替位置，為什麼會看中能力似乎難以達到要求的喬丹？

經濟學給出答案：因為喬丹的工資很低，只是約翰的一半，對公司來說，因為這樣做使其長期成本明顯降低，因而從中受益——儘管在前兩個月喬丹的工作成績可能無法讓人滿意，但在兩個月之後，他就會達到要求，但薪水不會增加。

公司自有自己精確的算盤。同時，喬丹取代約翰這個事情揭示了職場上的一種現象：現在已經不是坐享其成的時代，雖然依然有人在公司裡吃閒飯，但是，很明顯這樣的人會越來越少，因為他們勢必會被那些更聰明，更有效率的員工取代。

有一家從不輕易解雇人的公司，所有進入這家公司的人都覺得自己端上了鐵飯碗。然而，奇蹟還是發生了——他們經歷了公司歷史上的首次解雇員工事件。

被解雇的那個傢伙是公司歷史上唯一的一個被解雇的員工，而他的這份工作

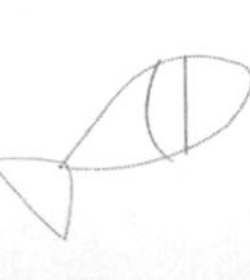
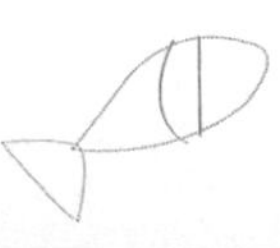
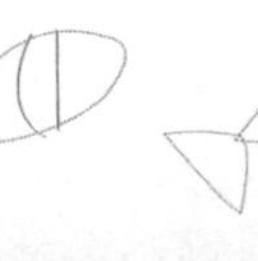

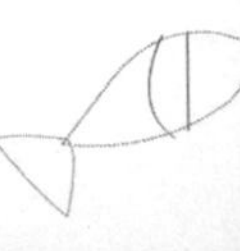

則是一個親戚介紹的。每到中午十一點時，他就開始辦公室裡走來走去，問問同事中午餐廳都會提供什麼午餐。下午一點到兩點時，他便讀讀新聞，和朋友講講電話，藉此來打發時光。

想想你的公司會容許這樣的員工存在嗎？絕對不會，因為這樣的人完全是公司的「累贅」！雖然從不解雇人幾乎成了該公司的「榮譽」，但是在這樣的「累贅」面前，他們決定還是以經濟法則辦事；當你不能創造價值反而成了累贅時，留給你的唯一出路就是被扔掉。

新陳代謝是自然界的必然規律，人類社會也是在不斷地變革與演進的。替代別人，或者被人替代，不過是職場上每天發生的重複故事罷了。人才的流動勢必促進知識共用和觀念創新，進而推動社會進步。同時，知識交融會使個人和公司均受益匪淺，這種趨勢是不可阻擋的。

但是，就個人利益而言，當你還想在這家公司混口飯吃卻被一個陌生人替代，的確不是一件讓人感覺美妙的事情。聰明人要學會不斷發展和延伸自己的職場價值，加重自己在團隊中的「重量」，增加公司因代替自己而付出的交易成本，進

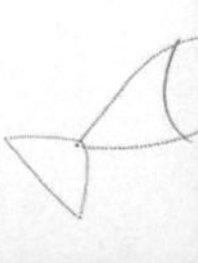

而使自己「屁股」相對穩固一些。

賈伯斯現象能夠給予為我們一些啟示。

一九八〇年，《華爾街日報》的全頁廣告寫著「蘋果電腦就是二十一世紀人類的自行車」，並登有賈伯斯的巨幅照片。當年的十二月十二日，蘋果公司股票公開上市，在不到一個小時內四百六十萬股全被搶購一空，當日以每股二十九美元收市。按這個收盤價計算，蘋果公司高層產生了四名億萬富翁和四十名以上的百萬富翁。賈伯斯作為公司創辦人當然是排名第一。

因為巨大的成功，賈伯斯在一九八五年獲得了由雷根總統授予的國家級技術勳章。

然而，成功來得太快，過多的榮譽背後是強烈的危機，由於賈伯斯經營理念與當時大多數管理人員不同，加上藍色巨人IBM公司也開始醒悟過來，也推出了個人電腦，搶佔大片市場，使得賈伯斯新開發出的電腦節節慘敗，總經理和董事們便把這個失敗歸罪於董事長賈伯斯，於一九八五年四月經由董事會決議撤銷了他的經營大權。賈伯斯在當年九月憤而辭去蘋果公司董事長。

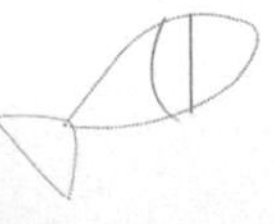

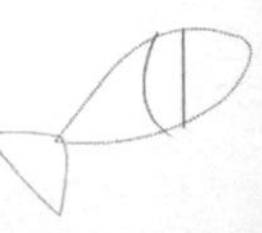

判斷一個人的價值，最好的方法莫過於把這個人忽然「抽」走，看看周遭有什麼變化。蘋果公司隨著賈伯斯的出走，陷入更加沒落的境地——這顯示出賈伯斯本人的職業價值，蘋果公司為代替他而支出的交易成本，是公司利潤不斷下滑，直至虧損嚴重。

其實，更能顯示賈伯斯不可替代的是新世紀的二〇〇八年。

一九九六年重歸蘋果的他，成為公司最為重要的資產。在二〇〇八年十月的一天，CNN的一則「賈伯斯突然心臟病發作」的誤報，導致股價狂跌。大概從一〇六美元一路跌到九十四點六五美元，跌了十塊有餘。那個瞬間，蘋果的市值縮水將近一百億。而一百億縮水，大抵是因為「賈伯斯不在了」所導致。有人調侃了這件事情，說這則錯誤的新聞辦的一件唯一好事：就是它計算出了賈伯斯的身價，大約值一百億美金。

當你擁有高身價後，還會有公司會一門心思地招人代替你嗎？

# 04 要想「人上人」，必先「人下人」

如果你沒有經歷過苦的階段，你就無法進入甜的階段和真正瞭解甜的內涵。職場新人，往往要從基層做起，「先苦後甜」，任何優秀的職場中人都是這樣走過來的。

每個職場新人進入公司的時候總會有各種困惑，依蓮就是這樣的人。她是一家雜誌社的編輯，剛到職不久，但是新環境的各個方面都讓她有著諸多不適。為

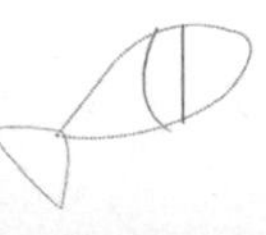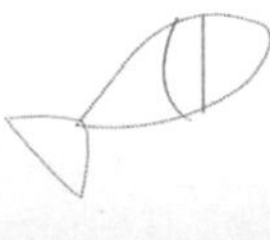

了排解心中的苦悶，她找了一個朋友聊天。依蓮那天看起來很拘謹，一直攪動著杯裡的咖啡，看得出來滿腹心事。

「我後悔了！」她終於開口。

面對朋友詢問的目光，她說：「我後悔出來工作，我後悔沒有考研究生。」

「我天天都不想去上班，每天早上起來想到要去公司，我就覺得恐懼。我討厭去那裡，真的很害怕去公司。我每天勸說自己、鼓勵自己去接受，但是我真的很不開心，我討厭這份工作，討厭工作……」對於依蓮的宣洩情緒，朋友耐心地聽著。

「我是今年七月份畢業的，從七月中旬到公司就職，如今已經有好幾個月了。我對業務還一點都不熟悉，心裡非常著急。但是沒有辦法——上司給我分配的工作非常少，而且都是些別人不願意寫的東西，乏味又不討好的版面才會安排給我。更多的時候是讓我幫別人修改稿子，無非就是改改錯字，調調句式，毫無技術可言。

「而且那些老編輯還總說我改得不對，把他們的稿子改壞了，這令我非常氣憤。替他們改稿子本來就不是我的職責，改不好我還要挨罵。直到現在，我在辦

公室裡還只是個跑腿打雜的角色，每個人都可以支使我，熱午餐、買電話儲值卡、拖地、擦桌子、為廣告商送雜誌……我根本成了他們的保姆！更讓人生氣的是，我感覺自己一點尊嚴都沒有，無論誰發現我哪裡做得不好了，都會批評一通，有時候他們自己遇到麻煩了，也會念我一頓，我根本是個出氣筒！你說，在這樣一個欺生、又不給新人成長和發展機會的公司，我能看到自己的前途嗎？我也想過辭職，但現在的形勢，我們這些應屆畢業生，沒有關係是很難找到工作的。我該怎麼辦呢？」

依蓮越說越激動，不禁流下淚來，朋友遞上紙巾，柔聲安慰。

大學畢業生初入職場，要完成從學生到社會人的轉變。在這個轉變過程中，難免會遭遇尷尬和困惑。如果承受能力比較差，難免會感到受排斥。有不少人表示，剛入職場的時候，「彷彿做了插班生」，不能融入工作團隊，找不到工作歸屬感。如果同事態度不友好，上司不重視其發展，精神上的壓力就更大了。

依蓮的情況就是這樣，她希望自己能儘快地進入工作狀態，但是同事們卻把她當保姆和出氣包，上司也只是給她安排一些瑣碎的事情，在她看來根本得不到鍛鍊和成長。

剛剛入職的年輕人，往往非常在意自己在工作中的表現，希望儘快嶄露頭角，但是作為公司領導人和老員工，卻希望能磨一磨新人身上的銳氣，讓他們學會服從，能夠腳踏實地，不要太浮躁。

職場新人如果不能看透上司和同事的用意，或者性格過於敏感和孤僻，往往會把事情想得非常灰暗，給自己帶來很大的煩惱和困擾。依蓮就因為這些事情沒有處理好而產生了厭職情緒。但是厭職並不能解決問題，反而會影響自己的職業發展。

其實，面對這些問題，新員工不必過度焦慮，主動從自己身上找原因，在做事之前先學會做人和與人相處，經過一段時間你就會發現，曾經橫亙在你面前那條看似不可逾越的人際鴻溝，已經在不知不覺中消失了。

學會做人，首先要學會尊重別人。老同事遇到新手大多希望對方低調、謙虛、尊重自己，這是一種很普遍的心態。那麼不妨迎合他們的這種需要，盡可能地尊重他們。而且你對業務一點都不熟悉，多尊重老同事，謙虛地向他們請教也非常

有利於自己的成長。只要你讓對方感覺到你的誠懇和求知心切，一般人都會給你一些指點和建議。

在工作方面，如果對業務還不熟悉，對自己所在的行業沒有足夠的瞭解，你最好多做事、少說話。如果工作中沒有特別多的事情可以做，做些雜活也未嘗不可。新人只有任勞任怨，從小事做起，讓上級和同事看到你對待工作和環境的態度。

謙卑的人更容易被人接受，更能快速融入新環境，工作也會逐漸進入狀態，很多情緒上的問題也就迎刃而解了。

# 05 沒有人會將你當作唯一的寶貝

職場潛祕密

公司的發展時刻變化著，如果你不能跟著變化，你就很快會從寶貝變成垃圾。但是公司內部有一樣東西是不會消失的：矛盾。無論多麼完美的公司，也一定存在有形形色色的矛盾。如果你能在各種矛盾中使自己不可或缺，你在老闆眼裡就永遠不會過時。

任何一個團隊的「人才」都不會是完全固定的，所謂「鐵打的營盤，流水的

兵」，除自願離開外，每個人都可能被迫離開這個團隊。心諳厚黑之道的人，善於調動各種矛盾因素，使自己成為團隊「離不開」的人物，得以找到自己不可替代的位置。

南宋奸相賈似道可謂熟用此計的行家裡手。宋理宗過世後，度宗即位。度宗本是理宗的侄子，因過繼為子而即位，時年二十五歲。度宗上臺之後，曾一度親理政事，限制大奸臣賈似道的權力，顯得幹練有為，也確實做了幾件好事，朝野上下為之一振，覺得度宗給他們帶來了希望。賈似道的權力受到了極大的限制，以致有人上書彈劾他。賈似道看到，如果這樣下去，自己將會有滅頂之災。

於是，賈似道精心設計了一個巨大的陰謀。他先棄官隱居，然後讓自己的親信呂文德從湖北抗蒙前線假傳邊報，說是忽必烈親率大兵來襲，看樣子勢不可擋，有直取南宋都城臨安之勢。度宗正欲改革弊政，勵精圖治，沒想到當頭來了這麼一棒。他立刻召集眾臣，商量出兵抗擊蒙軍之事。宋度宗萬萬沒有想到，滿朝文武竟沒有一人能提出一言半語的禦兵之策，更不用說為國家慷慨赴任，領兵出征了。這時，賈似道卻隱居林下，悠哉遊哉地過著他的隱居生活。

不久，前線警報傳來，數十萬蒙古鐵騎急攻，要都城築壘防禦，這一切，使得度宗心驚肉跳，他不得不想起朝廷中惟一的一位能抗擊蒙軍的「鄂州大捷」英雄賈似道。他深深地歎了口氣，在無可奈何之下，只好以皇太后的面子，請求賈似道出山。

謝太后寫了手諭，派人恭恭敬敬地送給賈似道。這麼一來，賈似道放心了。不過他可得拿足了架子再說，先是搪塞不出，繼而又要度宗大封其官。度宗無奈，只好給他節度使的榮譽，尊為太師，加封他為魏國公。這樣，賈似道才懶洋洋地出來「為國視事」。

賈似道知道警報是他命人假傳的，當然要做出慷慨赴任、萬死不辭甚至胸有成竹的樣子。他向度宗要了節鉞儀仗，即日出征，這真令度宗感激涕零，也令百官惶愧無地。天子的節鉞儀仗一旦出去，就不能返回，除非所奉使命有了結果，這代表了皇帝的尊嚴。

賈似道出征這一天，臨安城人山人海，都來看熱鬧。賈似道為了顯示威風，居然藉口當日不利於出征，令節鉞儀仗返回。這真是大長了賈似道的威風，大滅

了度宗的志氣。等賈似道到「前線」逛了一圈，無事而回，度宗和朝臣見是一場虛驚，額手慶幸尚且不及，哪裡還顧得上追查是謊報不是實報呢？

賈似道「出征」回來，度宗便把大權交給了他，但他還故作姿態，再三辭讓，屢加試探要脅，後見度宗和謝太后出於真心，他才留在朝中。這時，滿朝文武大臣也爭相趨奉，把他比作是輔佐成王的周公。經過這場考驗，年輕的度宗對其他朝臣完全失去了信心，他至此才理解為什麼理宗要委政於賈似道，原來滿朝文武竟無一人可用，賈似道雖然奸佞，但國難當頭之際，只有他還「忠勇當前」，敢於「挺身而出」。

度宗哪裡知道，滿朝文武懦弱是真，賈似道忠勇卻是假。度宗被瞞，不知不覺地墜入了賈似道的奸計之中。從此，度宗失去了治理朝政的信心和熱情，把大權往賈似道那裡一推，縱情享樂去了。

賈似道再一次「肅清」朝堂，他在極短的時間內，把朝廷上下全換成了自己的親信，甚至連守門的小吏也要查詢一遍，這樣，趙宋王朝實際上變成了賈氏的天下。賈似道的手段表現看只是以退為進，從更深層來講，是他善於運作各種矛盾事物，為自己在朝廷找到了一個別人誰都代替不了的位置。這樣的做法在今天商業團隊中有借鑑意義。

《生活時報》的一篇文章中，曾總結過六大要點，讓你成為公司離不開的人：

**一、成為不可缺少的人**

公司裡，老闆寵愛的都是些立即可用、並且能帶來附加價值的員工。管理專家指出，老闆在加薪或提拔時，往往不是因為你本份工作做得好，也不是因你過去的成就，而是覺得你對他的未來有所幫助。身為員工，應常捫心自問：如果公司解雇你，有沒有損失？你的價值、潛力是否大到老闆捨不得放棄的程度？一句話，要靠自己的打拼和緊跟時代節拍的專精特長，成為公司不可缺少的人，這至關重要。

**二、尋求貴人相助**

貴人不一定身居高位，他們在經驗、專長、知識、技能等方面比你略勝一籌，也許是你的師傅、同事、同學、朋友、引薦人，他們或物質上給予、或提供機會、或予以思想觀念的啟迪、或身教言傳潛移默化。有了貴人提攜，一來容易脫穎而

出，二則縮短了成功的時間，三是不慎辦砸了事能有所庇護。

## 三、建立關係網絡

社會上，一些專業能力等未必很好的人卻能出人頭地，不少人是得益於人際交往能力。公司裡亦如此。建立關係網絡，就是創造有利於自我發展的空間，努力得到別人的認可、支援和合作。如何增加「人際資產」呢?組織中不乏以興趣、愛好、同學、同鄉等關係結成的「小團體」。爭取成為其中一員；熱情幫助別人，廣結善緣；誠實、信用、正直是贏得信賴和敬佩的基礎。

## 四、不要將矛盾上繳

多年前，一位資深前輩曾說，向上司彙報時要切記四個字：「不講困難」。記得當初曾不屑一顧，後來才逐漸悟出個中道理。據傳說，古代信使如連續報來前線戰敗的消息，就有砍頭的危險。老闆每天都要面對複雜多變的內外部環境，要比員工遭遇更多的難題，承受更大的壓力。將矛盾上繳或報告壞消息，會使老闆的情緒變得更糟，還很有可能給他留下「添亂、出難題、工作能力差」的負面印象。

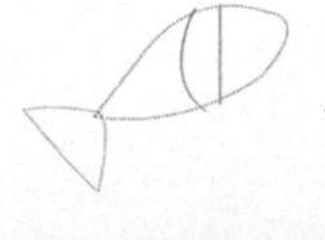

## 五、忌發牢騷

《組織行為學》的理論說，人在遭受挫折與不當待遇時，往往會採取消極對抗的態度。牢騷通常由不滿引起，希望得到別人的注意與同情。這雖是一種正常的心理「自衛」行為，但卻是老闆心中的最痛。大多數老闆認為，「牢騷族」與「抱怨族」不僅惹事生非，而且造成組織內彼此猜疑，打擊團體工作士氣。

## 六、善於表現、適時邀功

不要害怕別人批評你喜歡表功，而是要擔心自己的努力居然沒被人看到，才華被埋沒了。想辦法做個「有聲音的人」，才能引起老闆的注意。向老闆彙報，要先說結論，如時間允許，再作細談；若是書面報告，不忘簽上自己的名字。除老闆以外，還要將成績設法告訴你的同事、部屬，他們的宣傳比起你來效果更佳。會議是跟同事、主管、老闆及顧客之間不可多得的溝通管道，會議發言是展現能力和才華的大好時機。

這六個要點所涉及的內容，可以說厚黑程度比賈似道也不怎麼遜色。當然，運作矛盾，找到別人不可替代的位置，也是其根本指導。

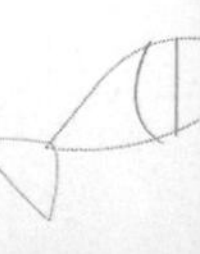

06

# 工作主動性為你的職業安全加分

那些被認為一夜成名的人，其實在成名以前已經沒沒無聞地努力工作了很長時間。如果你不能主動工作，機遇就會和你無關。並且，如果你能主動工作，老闆會覺得你是很積極的人，進而願意將更為重要的工作和任務交給你，你會因此而獲得晉升機會。

東漢本科畢業後被分發到一個研究所，這個研究所大部分的人都具備碩士和

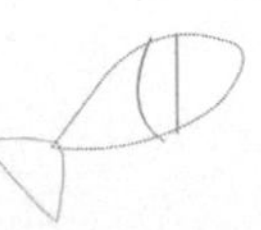
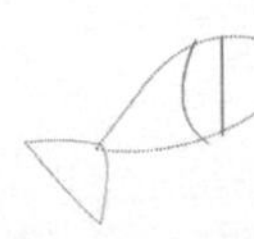
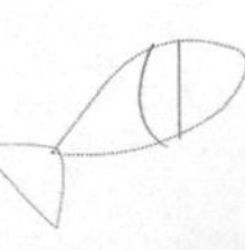

博士學位，東漢感到壓力很大。工作一段時間後，東漢發現所裡大部分的人都不太敬業，對本職工作不認真，他們不是玩樂，就是做自己的私事，把在所裡上班當成混日子。

東漢反其道而行之，他一頭栽進工作中，從早到晚埋頭苦幹業務，還經常加班。東漢的業務水準提高很快，不久成了所裡的「頂梁柱」，並受到所長的重用。時間一長，所長感到離開東漢就好像失去左右手一樣。不久，東漢便被提升為副所長，老所長年事已高，所長的位置也在等著東漢。

假若老闆的周圍缺乏主動工作者，你如果具有強烈的主動工作精神，你自然能得到重視，受到重用。如果只有在別人注意時才有好的表現，那麼你永遠無法達到成功的頂峰。最嚴格的表現標準應該是自己設定的，而不是由別人要求的。如果你對自己的期望比老闆對你的期望高，那麼你無須擔心會失去工作。同樣的，如果你能達到自己設定的最高標準，那麼升遷晉級也將指日可待。

我們經常會發現，那些被認為一夜成名的人，其實在功成名就之前，早已沒沒無聞地努力工作了很長一段時間。成功是一種努力的累積，不論何種行業，想

攀上頂峰，通常都需要經過漫長時間的努力和精心的規劃。

如果想登上成功之梯的最高階，你得永遠保持主動的精神，縱使面對缺乏挑戰或毫無樂趣的工作，最後也能獲得回報。當你養成這種主動工作的習慣時，你就有可能成為領導者。那些成就大業之人和凡事得過且過的人之間的最根本區別在於，成功者懂得為自己的行為負責。

事實證明，主動工作的人能從工作中學到比別人更多的經驗，而這些經驗便是你向上發展的踏腳石，就算你以後換了地方，從事不同的行業，豐富的經驗和好的工作方法也必會為你帶來助力。

有些人天生就具有主動工作的精神，任何工作一接手就廢寢忘食，但有些人則需要鍛鍊主動工作的精神。如果你自認為主動工作的精神還不夠，那就強迫自己主動工作，以認真負責的態度做任何事，讓主動工作成為你的習慣。

工作需要熱情和行動，工作需要努力和勤奮，需要一種積極主動的精神。只有以這樣的態度對待工作，我們才可能獲得工作所給予的更多的獎賞。

應該明白，那些每天早出晚歸的人不一定是認真工作的人，那些每天忙忙碌碌的人也不一定是優秀地完成了工作的人，那些每天按時打卡、準時出現在辦公室的人不一定是盡職盡責的人。對他們來說，每天的工作可能是一種負擔，他們並沒有做到工作所要求的那麼多、那麼好。

對每一個企業和老闆而言，他們需要的絕不是那種僅僅遵守紀律，卻缺乏熱情和責任感，不能夠積極主動工作的員工。

工作不是一個關於做什麼事和得什麼報酬的問題，而是一個關於生命的問題。工作是自動自發，是付出努力。正是為了成就什麼或獲得什麼，我們才專注於什麼，並在那個方面付出精力。從這個本質的方面說，工作不是我們為了謀生才去做的事，而是我們用生命去做的事！

成功取決於態度，也是一個長期努力累積的過程。所謂的主動，指的是隨時準備把握機會，展示超乎他人要求的工作表現，以及擁有「為了完成任務，必要時不惜打破常規」的智慧。

明白了這個道理，並以這樣的眼光來重新審視我們的工作，工作就不再成為一種負擔，即使是最平凡的工作也會變得意義非凡。在各式各樣的工作中，當我

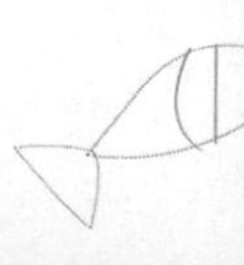

們發現那些需要做的事情——哪怕並不是分內的事時，也就意味著我們發現了超越他人的機會。因為在主動工作的背後，需要你付出的是比別人多更多的智慧、熱情、責任、想像和創造力。

「天生我才必有用。」用於什麼呢？當然是用於工作之中。沒有工作，就沒有傑出的成就。而一個人將自己的身心完全投入到自己喜愛的工作去的時候，他是最快樂的。

# 07 問題的根源絕不在別人身上

職場潛祕密

職場是充滿競爭的名利場。充滿著經濟關係，一切都是在公平的經濟規則下進行。有人高升、有人被解雇；有人加薪、有人丟飯碗……即使這其中有偶然性，但這一切的根源都在於當事人自身。如果你做得夠優秀，你會遭解雇嗎？並且你還會怕被解雇嗎？

從前有一個村子，在村子西邊的樹林裡住著貓頭鷹，人們總是想方設法要趕

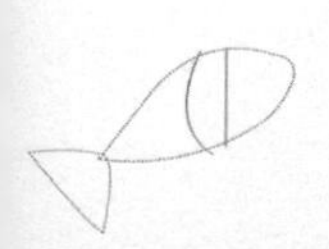
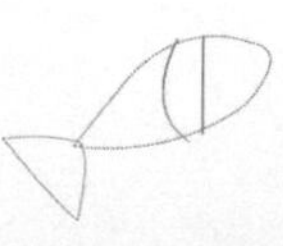

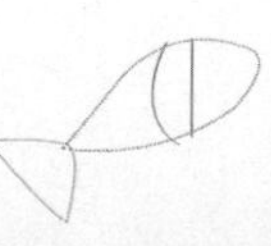

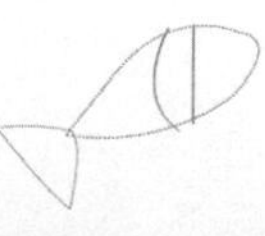
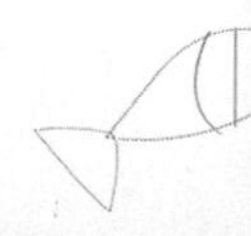

走貓頭鷹。貓頭鷹感到十分苦惱，牠從這個窩挪到那個窩，可是不管挪到哪個地方都不受歡迎，總是會聽到人們責怪和斥罵的聲音。

貓頭鷹竭盡全力向東方飛了三天三夜才停在途中的林子裡休息。

一隻斑鳩看見貓頭鷹那副又沮喪又疲憊的樣子，覺得很奇怪。牠問貓頭鷹說：「你累成這個樣子，你要去哪邊呢？」

貓頭鷹說：「我想搬到很遠很遠的東方住。」

斑鳩說：「為什麼呢？」

貓頭鷹說：「西邊的人太難相處了，他們都討厭我，說我的聲音難聽，我在西邊實在住不下去了，非搬家不可了！這次我下決心搬到遙遠的東邊去，離西邊越遠越好！」

斑鳩說：「搬家就解決問題了嗎？依我看，不管你搬到哪裡去，都是一樣的結果。」

貓頭鷹皺起眉頭問：「為什麼呢？我離開他們還不行嗎？」

斑鳩說：「如果你不能改變你那難聽的聲音，即使你搬到最遠的東邊，也同

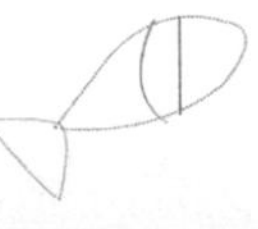

樣不會受東邊人的歡迎。」

寓言帶給我們這樣的啟示：與其抱怨外界的環境，不如冷靜下來看看是否問題出在自己的身上。

休斯・查姆斯在擔任銷售經理期間，曾遇到過這樣的情況：

該公司的財政發生了困難。這件事被在外頭負責推銷的銷售人員知道了，他們因此失去了工作的熱忱，銷售量開始下跌。到後來，情況極為嚴重，銷售部不得不召集全體銷售員開一次大會，查姆斯先生主持了這次會議。首先，他請手下最佳的幾位銷售員站起來，要他們說明銷售量為何會下跌。

每個人都開始抱怨商業不景氣，資金缺少，人們的購買力下降等等。聽到他們描述的種種困難情況時，查姆斯先生說道：「停止，我命令大會暫停十分鐘，讓我把我的皮鞋擦亮。」然後，他命令坐在附近的一名工友把他的擦鞋工具箱拿來，並要求這名工友把他的皮鞋擦亮。

在場的銷售員都嚇呆了。那位工友先擦亮他的第一隻鞋子，然後又擦另一隻鞋子，表現出一流的擦鞋技巧。

皮鞋擦亮之後，查姆斯先生給了工友一毛錢，然後說道：

「我希望你們每個人好好看看這個工友。他擁有在我們整個工廠及辦公室內擦鞋的特權。他的前任，年紀比他大得多，儘管公司每週補貼他五元的薪水，而且工廠裡有數千名員工，但他仍然無法從這個公司賺取足以維持他的生活的費用。

這位工友不僅可以賺到相當不錯的收入，既不需要公司補貼薪水，每週還可以存下一點錢來，而他和他前任的工作環境完全相同，也在同一家工廠內，工作的對象也完全相同。現在我問你們一個問題，那個前任工友拉不到更多的生意，是誰的錯？是他的錯還是他顧客的錯？」

那些推銷員回答說：

「當然了，是那個工友的錯。」

「正是如此。」查姆斯說，「現在我要告訴你們，你們現在推銷收銀機和一年前的情況完全相同：同樣的地區，同樣的對象以及同樣的商業條件。但是，你們的銷售成績卻比不上一年前。這是誰的錯？是你們的錯，還是顧客的錯？」

推銷員們異口同聲的回答：

「是我們的錯！」

「我很高興，你們能坦率承認你們的錯。」查姆斯繼續說：「我現在要告訴你們，你們的錯誤在於，你們聽到了有關本公司財務發生困難的謠言，這影響了你們的工作熱忱，因此，你們就不像以前那般努力了。只要你們回到自己的銷售地區，並保證在以後三十天內，每人賣出五台收銀機，那麼，本公司就不會再發生什麼財務危機了。你們願意這樣做嗎？」

查姆斯聽見了他期望的聲音，推銷員們大聲回答：「我們願意」。

結果，可想而知，他們成功了。優秀的員工，在遇到問題或面對失敗的時候都會先從自己身上找原因。

偉大的文學家歌德在年輕時候的志向是成為一個世界聞名的畫家。為此，他一直沉浸在那個變幻無窮的色彩世界中難以自拔。他付出了十年的艱半努力去提高自己的畫技，但收效甚微。

在他四十歲那年，他決定去義大利遊玩，親眼看到那些大師的傑出作品之後，他被驚醒了：即使自己窮盡畢生的精力，恐怕也難以在畫界有所建樹。於是，他

毅然決定放棄繪畫，改攻文學。

晚年的歌德每當回顧自己的成長過程時，就告誡那些頭腦發熱的年輕人，不要盲目地相信自己的興趣，跟著感覺走。歌德感慨地說：「要實現自己的長處很不容易，我差不多花了半生的光陰。」

成功並不容易，首先你要明白，所有問題，其根源都在於你自己。想要成功，先評估自己的能力，然後分析一下為什麼自己的能力無法施展，是沒有恰當的機會還是環境的限制？有時「懷才不遇」是因為用錯了專長，如果你有第二專長，那麼可以要求上司給你機會去試試看，說不定就此能走上一條光明之路。

當然，最重要的是繼續強化你的才幹，當時機成熟時，你的才幹就會為你帶來耀眼的光芒。

# 08 公司解雇你是公司需要有人被解雇

職場潛祕密

解雇是一種管理手段，老闆用它來調節公司的氣氛。如果公司內員工的動力不足，老闆就會透過解雇來刺激大家的情緒。因此我們需要把解雇看做是職場上的一種必然現象，要想避免被解雇，我們唯一要做的就是要比大多數人優秀。

一九九三年郭士納就任IBM公司董事長和首席執行官。郭士納的加盟，對

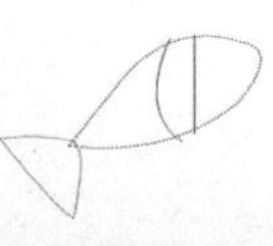

ＩＢＭ有著重大的突破意義——他是ＩＢＭ第一次從本公司之外引進最高領導人。當時的ＩＢＭ形勢不太樂觀，公司的各條戰線和各大板塊都存在著致命問題。郭士納上任後採取的第一項措施就是裁員。

郭士納在一份備忘錄中，記載了當時自己訂出這項措施的真實心境：

我知道你們當中的很多人多年來一直效忠於公司，對這個公司有很深的感情，令你們沒想到的是，到頭來卻被公司評價為多餘的人，這一定讓你們很生氣。我知道這對大家來說都是痛苦的，但我深切感到裁員就是公司最希望我做的事情，並且所有人都知道採取這個措施是必要的。

裁員措施與ＩＢＭ一貫堅持的企業文化精神相違背——不解雇是ＩＢＭ企業文化的重要支柱，ＩＢＭ的創始人湯瑪斯•沃森及其兒子小沃森認為，不解雇政策可以讓每個員工覺得安全可靠。但是，現在郭士納所採取的政策讓公司上下發生了翻天覆地的變化，他總共辭退了至少三萬五千名員工。

裁員結束後，他對留下來的員工說：有人對公司怨聲載道，要麼說自己的薪水太少，要麼說自己升遷太慢。我要告訴你們的是，要想調薪或升職，你必須拿

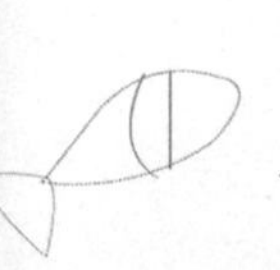

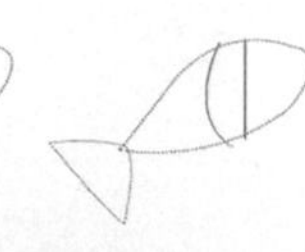

出點成績給我看看，你必須為公司創造出能夠盈利的效益。能否升職或調薪，這一切取決於你自己。

郭士納的話很有道理，以及他的措施是正確的——經過他的整頓和改革，IBM在短短六年內重塑了企業的偉大形象，走上了迅速崛起的復興之路。

裁員是一種正常的職場現象，解聘員工對企業有著積極的一面。

首先可以優化員工組合。每個企業都會有一部分閒置或是與工作崗位不相稱的員工，如果長時間不能對他們加以使用，就會讓企業背上沉重的負擔。要在企業中真正實現優勝劣汰的用人機制，就要把一些不能勝任工作的人員淘汰下來，這樣才會使更多的優秀人才脫穎而出，進而使企業的員工隊伍充滿生機和活力。因此，老闆總會透過合理的淘汰機制提高績效。

其次，解聘可以使員工更認真地對待自己的工作。一部分員工的被迫流出，無疑會從反面刺激那些墨守陳規和不思進取的員工，他們將因此產生危機感，進而更加認真地對待自己的工作，積極性、責任感都會進一步提高。

一位研究者研究過曾經在美國非常成功，但傳到第二代後經營卻失敗的七十

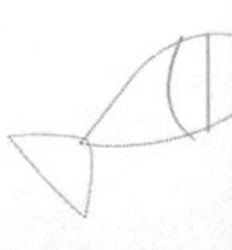

五家公司，結果發現癥結都在於人才問題。公司創辦後，得以漸漸地成長，不能否認某些創建元老的貢獻。但由於時代的變遷，這些因有功而身居要職的人，有不少人已不能適應新時代的需要。但第二代的經營者，卻礙於情面，不便辭退這些人，以致公司終於倒閉。當然，也有許多公司因為其他因素而倒閉，但這位研究者調查的七十五家公司，都有上述的現象。

因此優秀的經營者都敢於解聘，進而在企業真正形成優勝劣汰的用人機制。這就決定了在任何時期公司都有裁員的需求：這是管理團隊激情的一種手段，老闆必須時刻保證這種管理手段發揮作用。

對於我們而言，我們無法左右老闆的管理方法，唯一要做好的事情就是要根據老闆的管理方法採取最恰當的措施。最好的措施莫過於使自己最優秀，使老闆在舉起屠刀時遠離自己。老闆不會裁掉優秀的員工，如果我們能夠比大多數人優秀，我們就是安全的。

# 09 老闆不會砍掉自己的左膀右臂

古語有云：「智者當借力而行。」每一位成功老闆的背後，必有一個忠實優秀的助手。忠誠是金，聰明的老闆都知道一個忠實的助手勝過千萬張訂單。如果你想在工作中謀求長遠的發展，就要努力使自己成為老闆身邊最忠實的助手。

聰明的老闆都知道一個忠誠的助手對自己的意義，一個忠誠的助手勝過一大

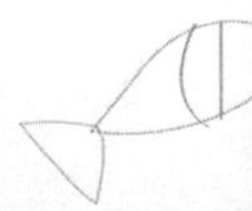

疊訂單。因為一個忠誠的助手對於老闆而言，不僅增加了金錢方面的優勢，更重要的是為老闆分擔了很多精神上的負擔，能夠讓老闆有真正的放鬆和休閒。

很多老闆都認為，最有價值的助手最基本也最可貴的品質就是忠誠。著名商業大師巴納姆認為：「如果你得到一個好幫手，最好能一直把他留在身邊，而不要換來換去。他每天都能夠有新的收穫，你可以因為他經驗的累積而獲益匪淺。他對你的價值今年比去年大，如果他沒有不良習慣並且一直對你忠心耿耿，無論如何你都不應該讓他離開。」

看來，老闆們並不想頻繁地更換自己的助手，如果作為助手的你對老闆忠誠的話。因為你的忠誠對於你的老闆而言，不僅是利益的需要也是精神的需要。助手的背叛對老闆而言，比失去了一個絕好的商業機更令他痛心。所以，忠誠是你成為一個優秀助手的必要條件。

瑪麗長得並不好看，學歷也不是很高，她在一家房地產公司擔任電腦打字員。她的打字室與老闆的辦公室之間只隔著一塊大玻璃，老闆的舉止她只要願意就可以看得清清楚楚。但她很少往那邊多看一眼，她每天都有打不完的資料，她知道工作認真刻苦是她惟一可以和別人一爭長短的資本。她處處為公司打算，影印紙都不捨得浪費一張，如果不是重要的檔案，她會把一張影印紙兩面使用。

一年後，公司資金運作困難，員工薪資開始告急，人們紛紛跳槽，最後總經理辦公室工作人員就剩下她一個了。人少了，瑪麗的工作量也陡然加重，除了打字還要接聽電話，為老闆整理資料。有一天她走進老闆的辦公室，直截了當地問老闆：「您認為您的公司已經垮了嗎？」

老闆很驚訝，說：「沒有！」

「既然沒有，您就不應該這樣消沉。現在的情況確實不好，可是很多公司都面臨著同樣的問題，並非只有我們一家。雖然您的兩千萬美元砸在了工程上，成了一筆死錢，可是公司並沒有真的死了呀！我們不是還有一個公寓案子嗎？只要好好做，這個案子就可以成為公司重整旗鼓的開始。」說完，她拿出了那個專案的策劃文案。

很快的，瑪麗被派去負責那個專案。三個月後，那片位置不算好的公寓全部前期售出，瑪麗為公司拿到了五千萬美元的支票，公司經營終於有了起色。

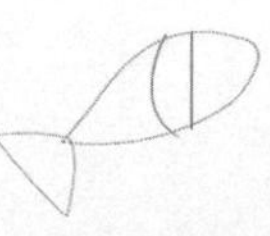

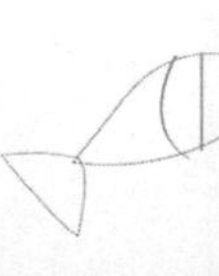

以後的幾年內，瑪麗成為公司的副總經理，幫著老闆做了好幾個大專案，並成功地幫助公司改制了。老闆當上了董事長，她也成為了新公司第一任總經理。在慶典酒會上，老闆請瑪麗為在場的數百名員工講幾句話。瑪麗說：「一要用心，二沒私心。」

確實，很多人一邊在為公司工作，一邊在打著個人的小算盤，這怎麼能讓公司贏利呢？世界上有些道理本是相通的，比如，夫妻雙方應該彼此忠誠，公司和員工也應該彼此忠誠。只有這樣，家庭才能和順，公司才能發達。我們在任何時候都不能失去忠誠，因為它是我們的做人之本。忠誠會為一個人贏得朋友甚至敵人的尊敬，因為忠誠是人性的亮點。

一個人對自己的公司有一點兒不忠誠，很快就會被發現，這個時候，受損的就不只是他經濟上的利益，更重要的是他的人格遭到了別人的質疑。一旦人們察覺到他的不忠誠，那麼世界上通往成功的所有道路就會永遠對他關閉，因為已經不可能還會有老闆願意用這樣的一個人了。

# 10 不可替代是你的安身立命之本

職場潛祕密

職場競爭就是一種篩選的過程，每個人都是在不停的篩選中被安排到適合的位置。如果你不適合，立即就會被替代。因此，成為公司內最不可替代的人，是你安身立命之本。

文藝復興時期，一個畫家是否能夠出人頭地取決於能否找到好的贊助人。米開朗基羅的贊助人是教皇朱里十二世，一次在修建大理石石碑時，兩人產生了分

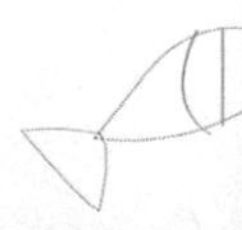

歧——他們激烈地爭吵起來，米開朗基羅一怒之下揚言要離開羅馬。大家都認為教皇一定會怪罪米開朗基羅，但事實恰恰相反——教皇非但沒有懲罰米開朗基羅，還極力請求他留下來。因為他清楚地知道米開朗基羅一定能夠找到另外的贊助人，而他永遠無法找到另一位米開朗基羅。

米開朗基羅身為藝術家，其卓越的才華是他手裡的王牌。現代商業社會競爭激烈，那些不能勝任，沒有才能的人，都被擯棄在就業的大門之外，只有最能幹的人，才會被留下來，他們永遠都不怕失業。

現實是殘酷的，為了自己的利益，每個老闆只保留那些最優秀，最有價值的員工。正如一位老闆所說的那樣：「我手下有八名銷售代表。兩名頂尖高手創造的銷售增長額高達總數的五十%。這兩個人我是丟不起的。」

這兩個「丟不起」的員工，就是老闆「不可替代」的員工。

無論是在什麼領域，任何一個人擁有了別人不可替代或逾越的能力，就會使自己的地位變得十分穩固。正如某位企業家所說的那樣，一個人擁有了別人不可替代的能力，才會使自己永遠立於不敗之地。具有不可替代性，就可以讓自己的

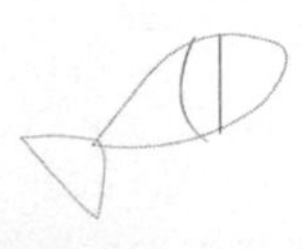

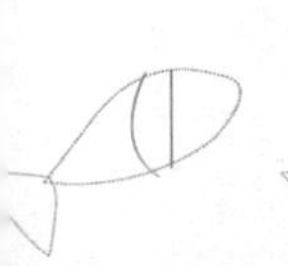

地位堅不可摧。一個擁有特殊才能的人，不需要依賴特定的上司或特定的工作場所來鞏固自己的地位。

有一個關於兩個蘋果的故事：

主角貝爾蒙多是巴黎一家大酒店餐飲部的一名小廚師，他沒有特長，做不出一道像樣的大菜，只能在廚房當下手。他憨憨的，誰都可以說他兩句。

經濟低迷時期，酒店年年要裁去一定比例的員工，照理貝爾蒙多應首當其衝，但他會做一道特別的甜點：將兩個蘋果的果肉放入一個蘋果中，使這個蘋果顯得特別豐滿，而從外表上一點也看不出是兩個蘋果拼成的，果核也巧妙地被去掉了，吃起來特別香。

一次，這道甜點被一名貴夫人發現，貴夫人是該酒店最重要的客人，她長期包租了一間酒店最昂貴的套房，她十分喜愛貝爾蒙多的甜點，並接見了他。從此，貴夫人每次來酒店，都不會忘了點那道甜點，所以每次酒店裁員，不起眼的貝爾蒙多總是風平浪靜；而他，也由此成為酒店不可或缺的人。

從上面這個例子我們可以看出，要作為一名稱職的員工只靠勤懇是不夠的，還必須要培養自己的核心競爭力。擁有別人不具備的某種能力或專業技能，你才會成為公司不可或缺的員工。當老闆需要人手的時候，第一個想到的就是你。久而久之，你在老闆心目中的地位也會逐步提高。

巴爾塔莎・葛拉西安在《智慧書》中寫道：「在生活和工作中要不斷完善自己，使自己變得不可替代。讓別人離開了你就無法正常運轉。這樣你的地位就會大大地提高。」

作為一名在現代職場激烈的競爭環境中打拼的從業者，為了避免被淘汰的命運，為了更好的發展，就要努力提升自己的價值，使自己成為那個不可或缺的人。我們在平時工作之餘，不妨問問自己：我是不是這裡不可或缺的人？在這個組織裡我有什麼安身立命的資本？如果回答不是特別肯定的話，那我們就要加油，趕快給自己充電，趕快學會做「那道特別的點心」的本領。

當別人有的資源你不缺，而你有的資源別人又沒有，你就有了安身立命的資本。

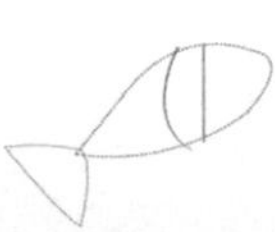
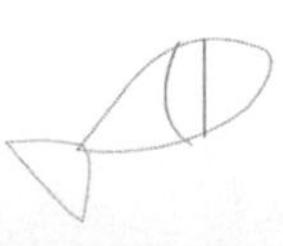

# 11 達不到老闆預期，你只能走人

達不到老闆預期，老闆自然會將你看成是不合格的員工，這樣留給你的就只有捲鋪蓋走人一條路。達到老闆預期，並不是一件簡單的事情，這不僅需要你要具備較高的工作效率、嚴格的成本控制意識，而且還有高標準的產品品質意識和最佳結果意識。

二〇〇七年九月二十日，切爾西隊在歐冠小組賽中被羅森柏格隊一：一逼平

一天之後，切爾西俱樂部宣佈與主教練穆里尼奧解除工作合約。按照切爾西官方網站的說法就是，「經過友好的協商，穆里尼奧和俱樂部達成一致，他將不再擔任俱樂部主帥。

切爾西從一支英不入流的球隊成長為一支冠軍球隊，穆里尼奧功不可沒。當初阿布入主切爾西時就致力將「藍軍」打造成震撼英超的「藍獅」。於是，他請來了號稱「狂人」的穆里尼奧，並捨得每個賽季上億英鎊的巨額投入，讓切爾西的實力迅速膨脹，並拿到了兩個聯賽冠軍，兩個聯賽杯冠軍和一個足總杯冠軍。

但是，事情總會起變化，從上個賽季開始，阿布便忙於周旋在情人和妻子之間，並最終與跟他共患難的妻子離婚。這不僅讓阿布的財力大受損失，更削減了他對俱樂部的關心程度和投入，於是切爾西上賽季和本賽季的連續衰落，便是最直接的反應。

沒有錢，狂妄的穆里尼奧也感到很不高興，習慣了在轉會市場上呼風喚雨的穆里尼奧這個夏天畏首畏尾，幾乎沒有大手筆買入任何球員。沒有了錢，往日可以比肩而立，笑看英超的這對老闆和主帥的「黃金搭檔」產生了間隙，更糟糕的

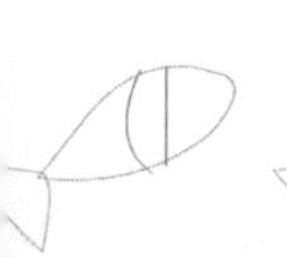

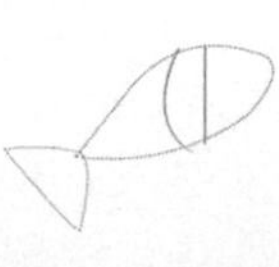
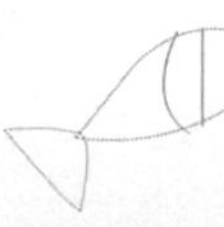
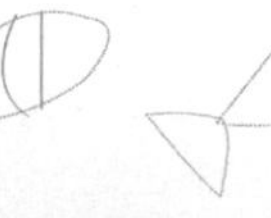
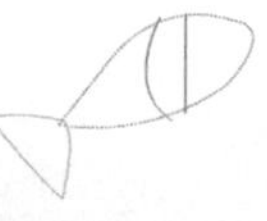
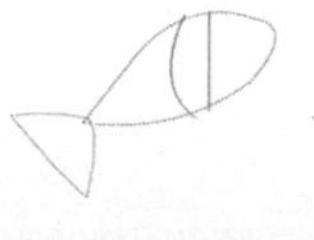
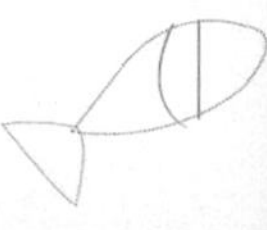

是穆里尼奧在新賽季的成績很不理想，幾乎到了令阿布無法容忍的地步。

於是，兩人只好分道揚鑣。畢竟成績不好，穆里尼奧沒什麼好說的。作為球隊成績的第一責任人，教練沒有理由推託責任，更沒有理由和證據來指責老闆不掏錢是球隊走下坡的首要原因。在這種情況下，穆里尼奧只好接受被老闆趕走的結局，收起行囊，拍拍屁股走人。

穆里尼奧的下課引發出第一個問題：為什麼要達到老闆預期？

經濟學給出答案。如果員工的業績總是低於雇主的預期水準，也就是員工的業績潛在增長能力永遠大於零。在就業形勢不容樂觀的當今社會，勞動力替代成本小，雇主有更大的空間雇傭新的員工以替代無法達到預期業績的員工。對於現有員工來說，必須不斷增強自己的能力以符合雇主的要求，以免被解雇。反過來說，要想不被解雇，就要達到老闆預期。

我們相信，企業不會雇傭無法達到自己要求的員工——這就是企業為什麼要在招聘時反覆進行考核，透過廣泛搜集求職者發送的資訊來確保招聘抉擇的正確性。但是，至於員工進入企業後的業績表現如何，或者為什麼有些員工被招聘測

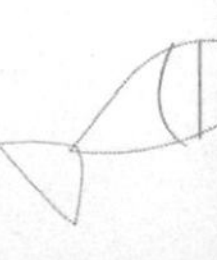

試證明達到企業要求，卻在實際工作表現中差強人意，這需要用激勵理論來進行解釋。

員工的業績能否達到老闆要求，這取決於他對雇主對其激勵的預期。如果他認為他能夠得到預期的激勵，則做出符合工作要求的業績，如果他無法對未來的激勵進行預期，則自動降低自己的業績水準，因為在任何勞動合約中，企業老闆都無法對一個不犯錯誤，但業績水準不好的員工單方終止勞動合約。

這樣做，員工是受益的——我們假設員工需要用十成精力才能達到老闆要求，在沒有激勵刺激下，他僅用八成精力就獲得了和十成精力一樣的報酬。員工用低價值的工作業績換取相對價格高的工資。因此，雇主蒙受了損失，他必須在該員工勞動合約終止時與其結束合約。

但是，並不是所有老闆在遭受因為員工平庸而有所損失立即做出解雇員工的反應。這是因為，如果解雇員工，這就意味著雇主還要支付額外的新員工招聘以及培訓成本，即便在雇員替代成本最小的時候，這兩個支出也是必須的。再加上新員工完全熟悉企業系統之前的低於其平均水準的業績，這中間的損失仍然是雇

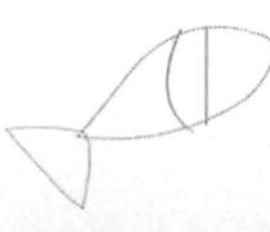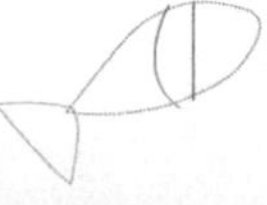

主必須承擔的。所以，儘管並不是所有的員工都表現優秀，企業老闆也仍然注意將員工流轉率控制在一個可承受的限額內。

反過頭來，我們來討論員工如何表現才能達到老闆預期。在現在職場，激勵已經是一種常用的手段。如果不能達到老闆預期，遠則有遭解雇風險，近則有報酬損失——業績不出色，老闆是不可能發放獎金的。那麼，怎麼做才能使老闆滿意？

**第一、要有成本意識**

老闆是追逐利潤的超級現實的經濟動物。老闆的利潤從何而來？增收與節支，但一收一支、一增一減說著容易做著難，這讓很多老闆傷透了腦筋。如果員工時刻為企業為老闆精打細算，使老闆花最少的錢辦最多的事，老闆還會虧待你嗎？

**第二、要有效率意識**

我們的工資是老闆花出去的真金白銀，老闆雇傭了，就等於雇傭了我們的工作時間。假如你的日薪是二四〇〇元，那麼，你每小時的價值就是三〇〇元。如果你不能把自己每小時的「收益」掙出來，對老闆而言，他就是在虧本。所以，如何在有限的工作時間內，提高工作效率，創造最大的價值，是每一個員工應該思考的重要問題。

**第三、要有品質意識**

品質是價值與尊嚴的起點。企業產品的產品品質、服務品質和工作品質的高低是企業品質的外在表現。同樣的，一個人工作品質的高低，也是這個人工作品質的高低。工作品質要求我們必須重視工作細節和責任感，我們要以優秀的職業素養來為我們的職業發展加分。

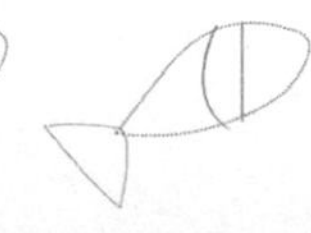
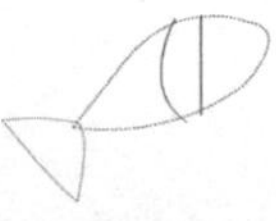
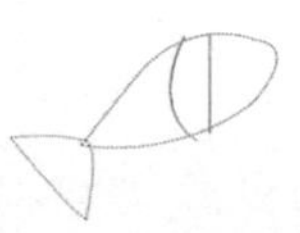

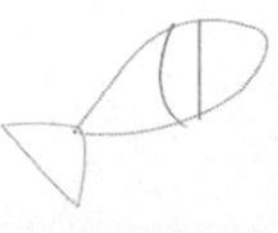

## ▶ 公司絕不會告訴你的祕密 （讀品讀者回函卡）

■ 謝謝您購買這本書，請詳細填寫本卡各欄後寄回，我們每月將抽選一百名回函讀者寄出精美禮物，並享有生日當月購書優惠！
想知道更多更即時的消息，請搜尋"永續圖書粉絲團"

■ 您也可以使用傳真或是掃描圖檔寄回公司信箱，謝謝。
傳真電話：（02）8647-3660 信箱：yungjiuh@ms45.hinet.net

◆ 姓名：＿＿＿＿＿＿ □男 □女 □單身 □已婚

◆ 生日：＿＿＿＿＿＿ □非會員 □已是會員

◆ **E-mail**：＿＿＿＿＿＿ 電話：( )＿＿＿＿

◆ 地址：＿＿＿＿＿＿

◆ 學歷：□高中以下 □專科或大學 □研究所以上 □其他＿＿＿＿

◆ 職業：□學生 □資訊 □製造 □行銷 □服務 □金融
□傳播 □公教 □軍警 □自由 □家管 □其他＿＿＿＿

◆ 閱讀嗜好：□兩性 □心理 □勵志 □傳記 □文學 □健康
□財經 □企管 □行銷 □休閒 □小說 □其他

◆ 您平均一年購書：□ 5本以下 □ 6～10本 □ 11～20本
□21～30本以下 □ 30本以上

◆ 購買此書的金額：＿＿＿＿＿＿

◆ 購自：□連鎖書店 □一般書局 □量販店 □超商 □書展
□郵購 □網路訂購 □其他

◆ 您購買此書的原因：□書名 □作者 □內容 □封面
□版面設計 □其他

◆ 建議改進：□內容 □封面 □版面設計 □其他＿＿＿＿

您的建議：

剪下後傳真、掃描或寄回至「22103新北市汐止區大同路三段194號9樓之1讀品文化收」

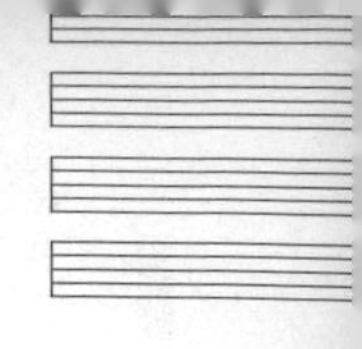

| 廣告回信 |
| --- |
| 基隆郵局登記證 |
| 基隆廣字第 55 號 |

2 2 1 - 0 3

新北市汐止區大同路三段 194 號 9 樓之 1

# 讀品文化事業有限公司　收

電話/(02)8647-3663　　傳真/(02)8647-3660

劃撥帳號/18669219　　永續圖書有限公司

請沿此虛線對折免貼郵票或以傳真、掃描方式寄回本公司，謝謝！

讀好書品嚐人生的美味

# 公司絕不會告訴你的祕密